"十三五"职业教育部委级规划教材

江苏省现代职业教育体系建设试点"3+3"中高职衔接教材

# 服装缝制工艺

李文玲　蒋静怡　庄立新　编著

中国纺织出版社

## 内 容 提 要

本书是中高等职业院校服装设计与工艺、服装与服饰设计专业的教材。全书内容分五个项目，内容包括：服装缝制工艺基础、女裙的缝制工艺、男西裤的缝制工艺、女衬衫的缝制工艺和男衬衫的缝制工艺。

本书注重基本训练，依据中高职学生的特点，着重体现项目教学法，将所学的内容融入到各个操作步骤中。书中所用服装均为基本款，同时力求文字简洁易懂，由浅入深，由简至繁，方便学生理解。内容编排上体现以学生为主体，更加方便学生自主学习。通常学习可满足学生就业的基本要求。

本书适用于中高职院校服装专业教学，也可供服装从业人员参考学习。

### 图书在版编目（CIP）数据

服装缝制工艺/李文玲，蒋静怡，庄立新编著. --北京：中国纺织出版社，2017.4（2022.8重印）
"十三五"职业教育部委级规划教材. 江苏省现代职业教育体系建设试点"3+3"中高职衔接教材
ISBN 978-7-5180-3531-1

Ⅰ. ①服… Ⅱ. ①李… ②蒋… ③庄… Ⅲ. ①服装缝制—中等专业学校—教材 Ⅳ. ①TS941.634

中国版本图书馆CIP数据核字（2017）第066739号

---

责任编辑：宗 静　　特约编辑：曹昌虹　　责任校对：寇晨晨
责任设计：何 建　　责任印制：何 建

---

中国纺织出版社出版发行
地址：北京市朝阳区百子湾东里A407号楼　邮政编码：100124
销售电话：010－67004422　传真：010－87155801
http://www.c-textilep.com
E-mail：faxing@c-textilep.com
中国纺织出版社天猫旗舰店
官方微博http://weibo.com/2119887771
三河市宏盛印务有限公司印刷　各地新华书店经销
2017年4月第1版　2022年8月第6次印刷
开本：787×1092　1/16　印张：7
字数：63千字　定价：39.80元

---

前言

Preface

《国家中长期教育改革和发展规划纲要（2010—2020年）》提出，到2020年，形成适应经济发展方式转变和产业结构调整要求、体现终身教育理念、中等和高等职业教育协调发展的现代职业教育体系，满足人民群众接受职业教育的需求，满足经济社会对高素质劳动者和技能型人才的需要。因此，实现中等和高等职业教育协调发展是我国现代职业教育体系构建的战略目标。

目前，中职服装设计与工艺专业与高职服装与服饰设计专业教育的相互衔接和贯通越来越受到社会的广泛关注，实践也证明：通过中高职衔接，实行六年一贯制的培养，可以使服装技术技能人才的知识、能力、水平等综合素质得到大幅度的提升，为行业企业转型升级和经济社会发展提供有效人力资源支撑。

本系列教材为中职高职服装与服饰设计专业人才培养而编写，是江苏省现代职业教育体系建设试点立项课题"现代学徒制服装设计专业中高职衔接人才培养体系的构建"（201517）阶段性成果之一，也是"十三五"职业教育部委级规划教材。本系列教材分《服装立体裁剪》、《服装设计基础》、《服装结构制图》、《服装缝制工艺》共4册，由常州纺织服装职业技术学院庄立新、江苏省金坛中等专业学校陈海霞共同担任系列教材的总主编。

本册教材《服装缝制工艺》根据中高职服装设计专业学生的特点，着重体现项目式教学法，将所学的内容融入到各个可操作的项目中。根据毕业生就业岗位需要，合理确定应该具备的知识与能力，删繁就简，注重实用。在教材的表现形式上，更加突出职业教育和中高职衔接特色，采用图片、实物照片和现场操作照片等直观方式取代单纯的文字描述，生动形象、简单明了、通俗易懂，方便学生自主学习和训练提升，通过学习可满足学生就业上岗对服装结构制图技术技能的基本要求。本书适用于中高职院校服装专业教学，也可供服装从业人员参考学习。

《服装缝制工艺》由李文玲担任主编，蒋静怡、庄立新担任副主编，其中项目一、项目二、项目三由李文玲编写，项目四、项目五由蒋静怡编写，目录及策划由庄立新完成，全书由李文玲负责统稿。

由于编者水平有限，难免疏漏，恳请院校师生与企业同行多提宝贵意见，以便及时修正。

编著者

2017年2月

# 教学内容及课时安排

| 章/课时 | 课程性质 | 节 | 课程内容 |
|---|---|---|---|
| 项目一<br>（16课时） | 讲练结合 | | • 服装缝制工艺基础 |
| | | 主题一 | 手缝工艺基础 |
| | | 主题二 | 机缝工艺基础 |
| 项目二<br>（36课时） | 讲练结合 | | • 女裙的缝制工艺 |
| | | 主题一 | 喇叭裙的缝制工艺 |
| | | 主题二 | 紧身裙的缝制工艺 |
| | | 主题三 | 连衣裙的缝制工艺 |
| 项目三<br>（40课时） | 讲练结合 | | • 男西裤的缝制工艺 |
| | | 主题一 | 男西裤裁片处理工艺 |
| | | 主题二 | 男西裤后裤袋缝制工艺 |
| | | 主题三 | 男西裤斜插袋缝制工艺 |
| | | 主题四 | 男西裤装拉链、装腰头及加襻工艺 |
| | | 主题五 | 男西裤的整烫工艺 |
| 项目四<br>（24课时） | 讲练结合 | | • 女衬衫的缝制工艺 |
| | | 主题一 | 女衬衫裁片处理工艺 |
| | | 主题二 | 女衬衫门襟制作工艺 |
| | | 主题三 | 女衬衫的袖衩、袖克夫、装袖工艺 |
| | | 主题四 | 女衬衫的做领、装领工艺 |
| | | 主题五 | 女衬衫的整烫工艺 |
| 项目五<br>（36课时） | 讲练结合 | | • 男衬衫的缝制工艺 |
| | | 主题一 | 男衬衫的裁片处理工艺 |
| | | 主题二 | 男衬衫的贴袋缝制工艺 |
| | | 主题三 | 男衬衫的门襟制作工艺 |
| | | 主题四 | 男衬衫的覆肩缝制工艺 |
| | | 主题五 | 男衬衫的袖衩、袖克夫、装袖工艺 |
| | | 主题六 | 男衬衫的做领、装领工艺 |
| | | 主题七 | 男衬衫的整烫工艺 |

**注** 各院校可根据自身的教学特色和教学计划对课时进行调整。

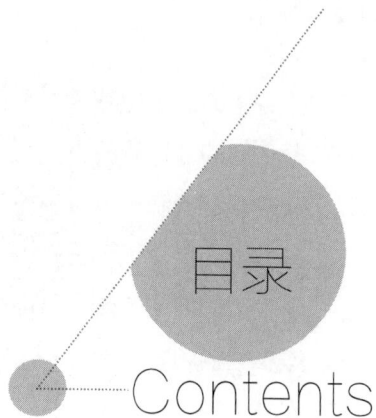

目录

Contents

项目四

# 项目一　服装缝制工艺基础

## 主题一　手缝工艺基础

### 一、穿线

　　用左手拇指、食指和中指捏住针孔的偏下部位，右手拇指和食指捏线（图1-1），线头伸出1cm左右，穿入针眼中，然后随即拉出（图1-2）。

图1-1

图1-2

### 二、打线结

#### （一）起针结

　　左手捏针将线头压在食指上，线头露出0.3cm左右，右手拿线在针尾顺时针绕一圈（图1-3），然后左手拇指和食指捏紧线圈，右手拔针后拉紧线圈即可（图1-4）。

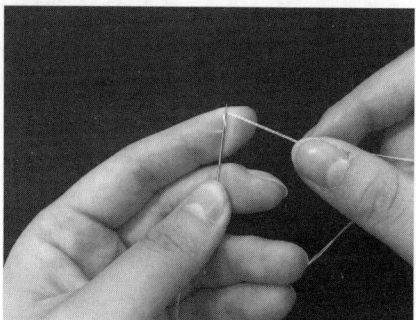

图1-3

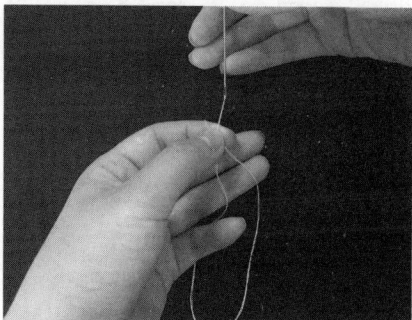

图1-4

### （二）止针结

左手将线围绕形成线圈，右手拿针从线圈中穿出后（图1-5），左手用拇指压紧线圈，右手拔针抽线，使结扣紧在布面上（图1-6）。

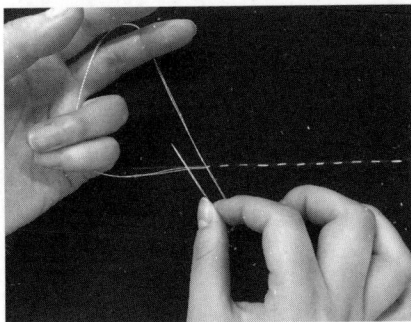

图1-5

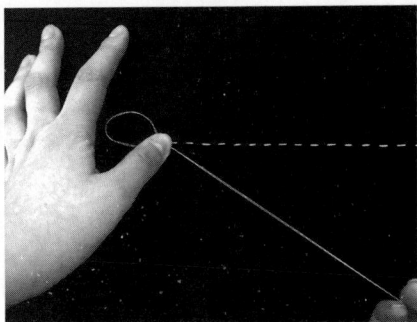

图1-6

## 三、基础手工针法

### （一）缝针

#### 1. 成品图

缝针成品图如图1-7所示。

#### 2. 用途

缝针一般用于拉袖山头吃势、收拢圆角等。

#### 3. 方法

用左手拇指和食指捏住布料。用右手食指捏着针，无名指和小指夹住布料，中指可带针箍顶针尾。从右往左连续向前缝。两手配合针的速度移动，针距保持相等（图1-8）。

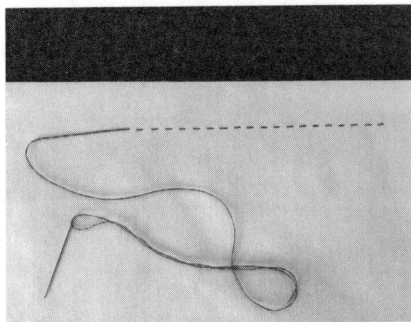

图1-7

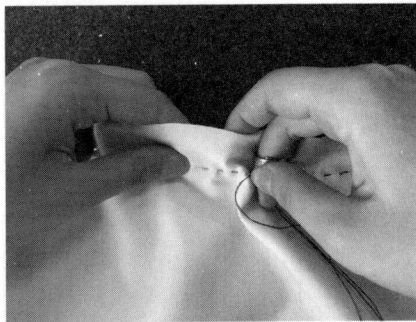

图1-8

## （二）三角针

### 1. 成品图

三角针成品图如图1-9所示。

### 2. 用途

三角针一般用于拷边后的贴边固定，比如西裤的脚口等。

### 3. 方法

右手持针，从左往右，里外交叉。起针缝与面料反面位于拷边线下，上针缝于面料反面，离贴边0.1cm，只能用针尖钩1至2根纱线，面料上不能透露针迹。下针缝于贴边上，位于面料正面距离边沿线0.5cm（图1-10）。针距为0.8cm左右，缝线不松不紧。因为呈三角状，故被称为三角针。

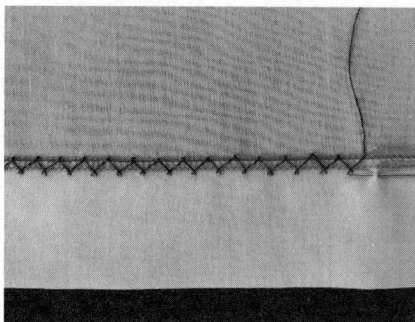

图1-9

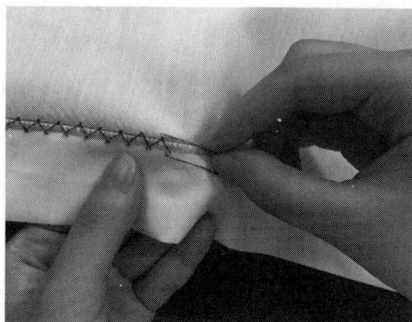

图1-10

## （三）锁平头扣眼

### 1. 成品图

锁平头扣眼成品图如图1-11所示。

### 2. 用途

锁平头扣眼一般用于锁衬衫和内衣的扣眼。

### 3. 方法

（1）画扣眼：圆形纽扣扣眼大小是圆直径加纽扣厚度，方形纽扣扣眼大小为对角线加纽扣厚度（图1-12）。

（2）剪扣眼：将布料依扣眼中心线对折，注意观察扣眼线与布料对折线垂直，中间剪开0.5cm左右（图1-13）。再将布料放平，沿扣眼线剪至两端。

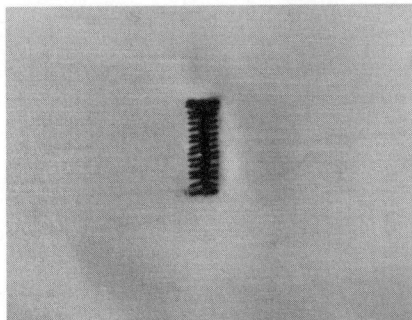

图1-11

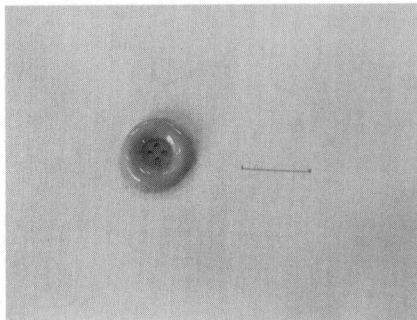

图1-12

（3）锁扣眼：左手捏住扣眼左边，注意上下层面料对齐不能错位。起针在两层面料中间，直接穿透拔出即可（图1-14）。第二针还是在这个针眼中，针从两层面料下面穿出后，左手拿着针尾的线顺时针在针上绕一圈（图1-15），拔针时右手向右上方倾斜45°拉紧，左手压紧线迹根部。然后循环至中部转弯。从另一边相应宽度的对称点从上向下穿透针，回到刚才的最后一个针孔中拔出（图1-16），再从同一点穿下从中间拔出（图1-17），然后再从扣眼中间空隙处穿出，来回两次作横向固定封线（图1-18）。

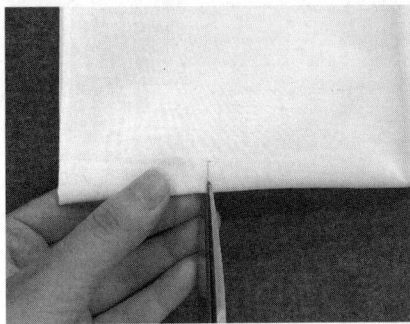

图1-13

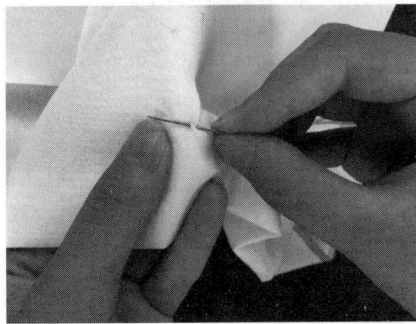

图1-14

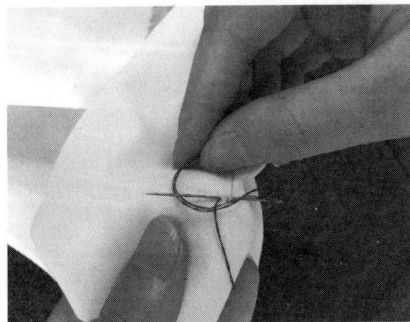

图1-15

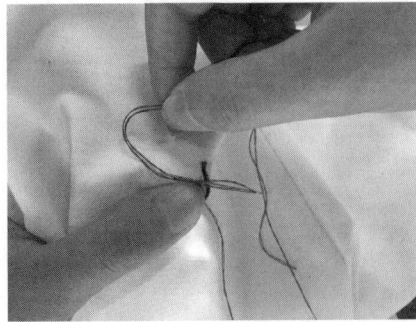

图1-16

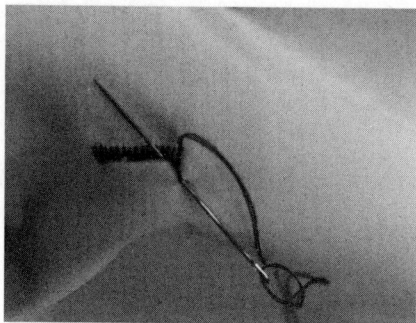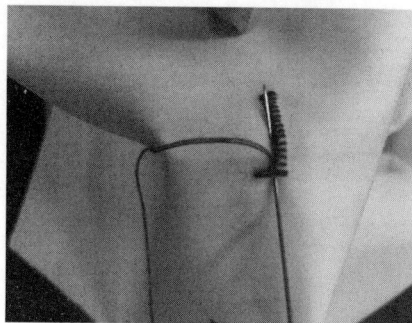

图1-17　　　　　　　　　　　　　图1-18

# 主题二　机缝工艺基础

## 一、正确的姿势

初学者在操作缝纫机时，首先要培养正确的姿势。这样，缝制出来的衣服合格率才高，缝制速度也更快，而且能避免长期坐在缝纫机前造成的身体过度疲劳。

### 1. 坐姿

（1）调整座椅的位置高度，双手能方便操作缝纫机，前脚掌能方便地踩在缝纫机脚踏板上。

（2）上身保持端正，与缝纫机保持一拳左右的距离，在操作过程中，双肩保持放松，不要使肌肉处于紧张状态（图1-19、图1-20）。

图1-19　　　　　　　　　　　　　图1-20

### 2. 腿部姿势

重心微微前倾，双脚保持可以自由运动的状态，脚后跟放在地上，前脚掌踏在缝纫机脚踏板的中间（图1-21）。

### 3. 手部姿势

手与针保持5~10cm的距离，注意右手不要放在压布脚所处的那条直线上，缝制衣服的时候，用手轻轻压住布条，左手向前推送上层面料，右手把下层面料稍稍带紧（图1-22）。对于一些比较窄的布边，如果无法用手按压，可以使用镊子代替。

 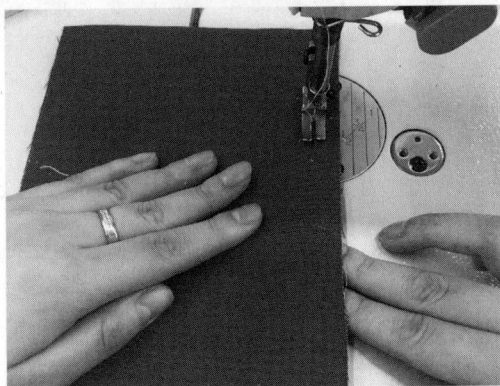

图1-21 图1-22

## 二、空车运转训练及空车缉纸训练

电动缝纫机，由于它的离合器传动很灵敏，通过脚踏力的大小可以随意调整缝纫机的速度，所以要掌握速度就要加强脚控离合器的练习。为了做到能随意控制转速快慢，使机器正常运转，各种针迹符合工艺要求，初学者应该先进行空车缉纸训练。在空车缉纸比较熟练的基础上再做引线缉布练习，学习各种缝型的缝制方法，达到缉直线时针迹顺直，沿边缉线时针迹匀直，缉弧线时针迹圆顺无棱角，缉转角时针迹方正无缺口等要求，最后才能进入成衣缝制训练。

### 1. 空车运转训练

为避免压脚和送布牙相互摩擦而受损，空车运转前应扳起压脚扳手。保持正确的坐姿，踏动缝纫机踏板，进行慢速、快速和随意停转的空车练习，主要是练习脚的控制能力，要能自如地控制机器的运转。

### 2. 空车缉纸训练

在较好地掌握空车运转的基础上，进行不引线的缉纸练习。先缉直线，后缉弧线，然后进行不同距离的平行直线和弧线的练习，还可以练习不同形状的几何图形。空车缉纸训练目的是使手、脚、眼协调配合，做到纸上的针孔整齐，直线不弯，弧线圆顺，短针迹或转弯不出头。空车缉纸图形可根据不同的训练需要自行设计。

## 三、机缝前的准备

### 1. 装针

（1）转动轮盘，使机针位于最高处（图1-23）。

（2）用一字螺丝刀旋松装针螺丝（注意不要完全卸下螺丝，只要松动即可）。

（3）将机针的长槽面向正左边（图1-24）。

（4）左手将针往上顶到最上部，右手拧紧螺丝。

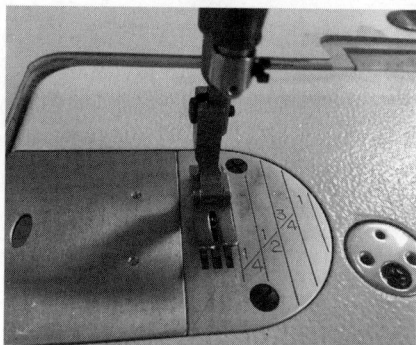

图1-23

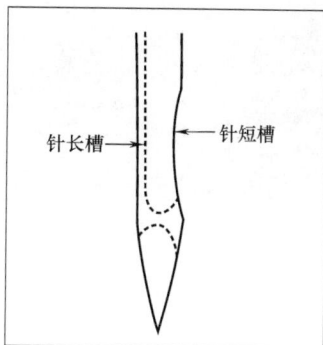

图1-24

### 2. 绕底线

（1）用压脚扳手把压脚抬起。

（2）穿线、摆放梭芯后，踩下踏板梭芯就能旋转绕线。底线绕好后梭芯会自动停止（图1-25）。

### 3. 装梭壳

将拉线时按逆时针方向转动的梭芯放入梭壳中（图1-26），找到梭壳边缘的一个刀切口，将线从切口中拉出，并夹入弹簧片后拉出（图1-27）。

### 4. 穿面线

穿面线如图1-28所示。

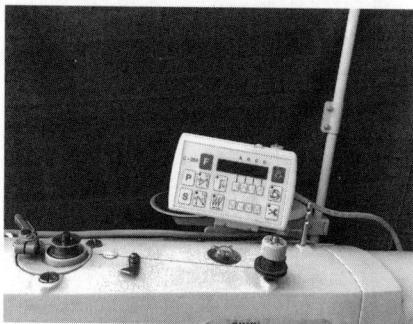

图1-25

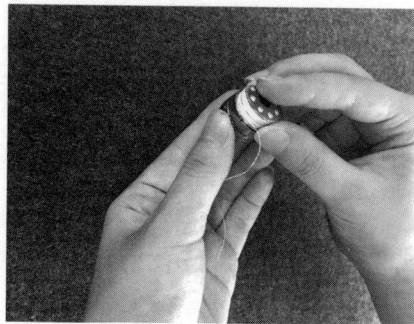

图1-26

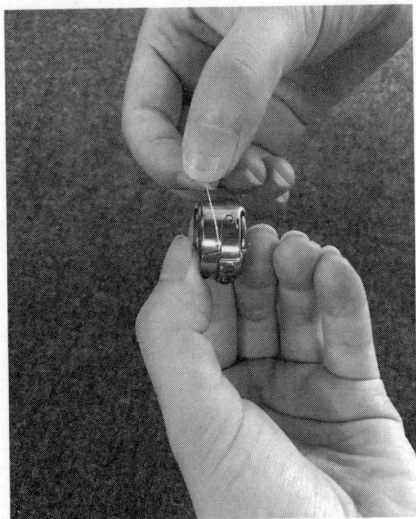

图1-27

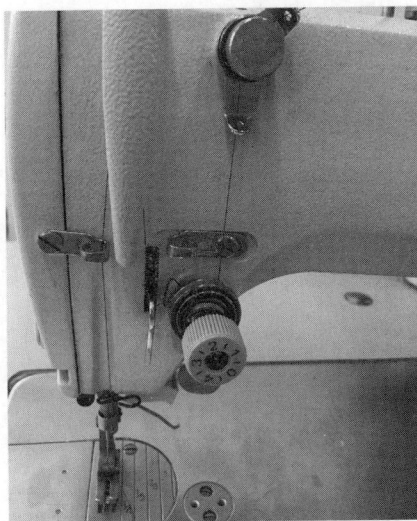

图1-28

### 5. 引底线

左手轻轻抓住针上的线，右手转动轮盘一圈，机针也会随之作上下运动，这时左手拉紧线即可将底线引上。

### 6. 平缝机的基本调节

（1）针距调节如图1-29所示。拉下倒针扳手，转动调节针距旋钮，看数字对准旋钮上的黑点，一般数字越大针距越大。

（2）面线松紧调节如图1-30所示。一般顺时针旋转越松，逆时针旋转越紧。

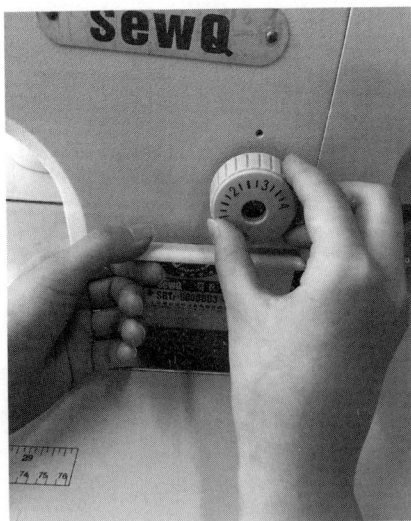

图1-29

图1-30

（3）底线松紧调节如图1-31所示。用螺丝刀旋转梭壳上的调节螺丝即可。

（4）压脚张力调节如图1-32所示。根据面料的厚薄及特性，一般需要调节压脚的张力，如真丝、丝绒等绒质特殊面料需要调松。

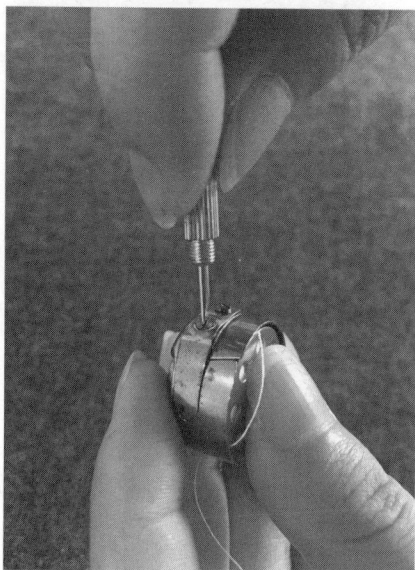

图1-31

图1-32

## 四、常用缝型

### （一）常用缝型方法

#### 1. 平缝

（1）平缝倒缝：把两层面料正面相叠，沿着净线缝合，一般作缝宽度为1cm，注意首尾倒针，然后拷边（图1-33）。缝份单边烫倒，注意正面不能有坐势（图1-34）。

图1-33

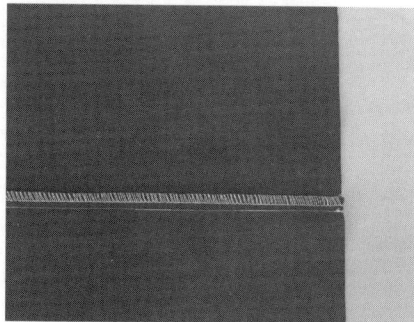

图1-34

（2）平缝分缝：把拷边后的面料正面相叠，沿着净缝线缝合，一般作缝宽度为1cm，注意首尾倒针（图1-35）；缝份向两边烫分开（图1-36）。

图1-35

图1-36

## 2. 坐缉缝

一层面料反面朝上拷边，然后两层面料正面相对，下层比上层多放出0.4cm或0.6cm，平缝1cm（图1-37），然后缝份向小缝坐倒，正面压缉一道明线，使小缝包在大缝内（图1-38）。

图1-37

正面

图1-38

## 3. 分坐缉缝

两层面料分别拷边后平缝，缝份分开，一层缝份坐倒0.2cm（图1-39），在上面缉0.1cm止口明线（图1-40）。

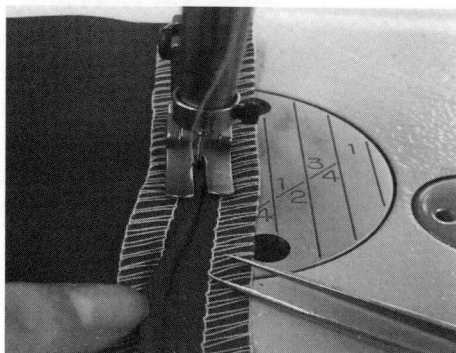
图1-39

图1-40

### 4. 来去缝

把两层面料反面相对，平缝0.3cm缝份后修齐毛边（图1-41），翻转至正面后缉0.5cm或0.6cm，注意不能放入坐势（图1-42）。

正面

图1-41

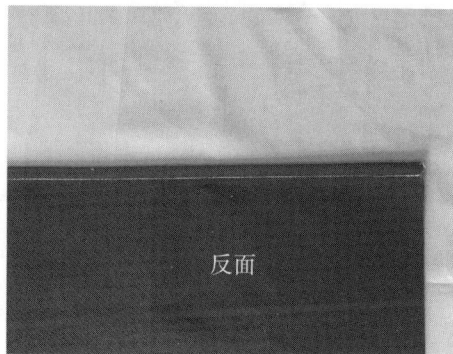

反面

图1-42

### 5. 卷边缝

把面料反面朝上，折转缝份后再折转要求的宽度，沿布边缉0.1cm清止口（图1-43）。注意上下层松紧一致，防止起皱（图1-44）。

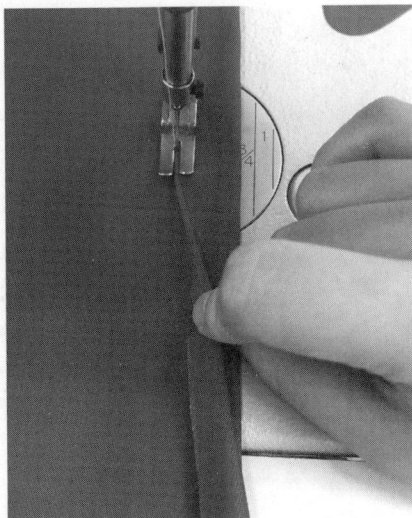

图1-43

图1-44

### 6. 闷缝

把面料两边折光，对折整烫，注意下层比上层略放出0.1cm（图1-45），把另一块面料夹在两层中间，沿最上层边缘缉0.1cm清止口（图1-46）。注意上中下层松紧一致，防止起皱。成品图如图1-47所示。

### 7. 外包缝

两层面料反面相对，下层缝份多放出0.8cm包转，缉缝份0.1cm（图1-48）。分开两层面料，在正面将缝份向上层面料坐倒缉0.1cm清止口（图1-49）。注意分缝要分足无坐势。成品图如图1-50所示。

图1-45

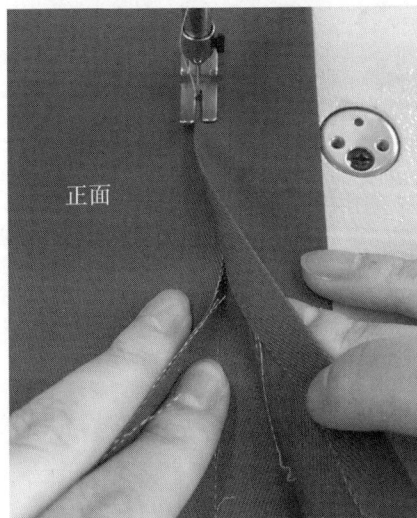

正面

图1-46

图1-47

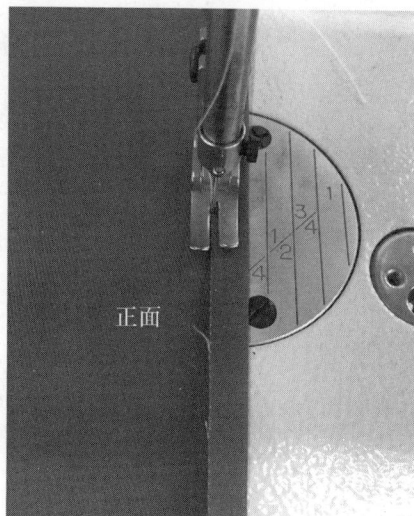

图1-48

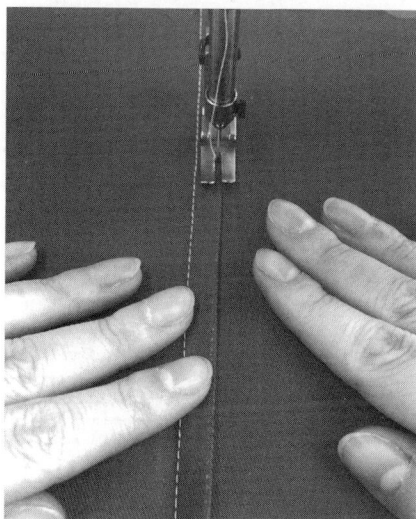

图1-49

图1-50

### 8. 内包缝

两层面料正面相对，下层缝份多放出0.8cm包转，缉缝份0.1cm（图1-51）。分开两层面料，反面将缝份坐倒盖住毛边，然后在正面缉0.6cm清止口（图1-52）。注意分缝要分足无坐势。成品图如图1-53所示。

注：所有涉及缝份宽度的数据都可根据具体要求进行变化。

图1-51

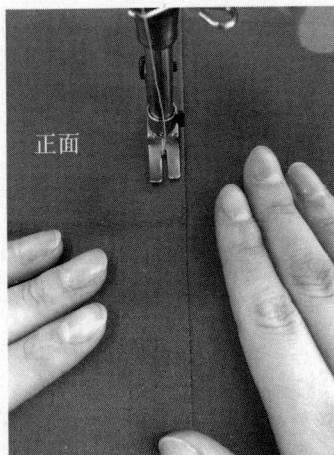

图1-52

图1-53

## （二）常用缝型用途及符号（表1-1）

表1-1

| 缝型名称 | 用　　途 | 缝型符号 |
|---|---|---|
| 平缝分缝 | 一般衣片的缝合，如肩缝、侧缝、开刀缝等 | |
| 平缝倒缝 | | |
| 坐缉缝 | 用于衣片拼接部位的装饰和加固 | |
| 分坐缉缝 | 用于增加牢度，如裤子后裆缝等 | |
| 来去缝 | 用于薄料衬衫、衬裤 | |
| 卷边缝 | 用于袖口、上衣裤子的底边 | |
| 闷缝 | 用于装袖衩、装裤腰 | |
| 外包缝 | 用于夹克衫、男衬衫等 | |
| 内包缝 | | |

# 五、零部件缝制

## （一）贴袋缝制

### 1. 成品效果

成品效果如图1-54所示。

## 2.工具准备

衣片、口袋布、口袋净样板。

## 3.制作步骤

（1）烫袋布：先烫袋口，两折后净宽3cm，其余三边均扣光毛缝1cm。烫完后核对袋布左右是否对称（图1-55）。

（2）装贴袋：按袋口位置放置袋布，然后按图1-56所示顺序固定贴袋。注意袋布与衣片松紧合适。

图1-54

图1-55

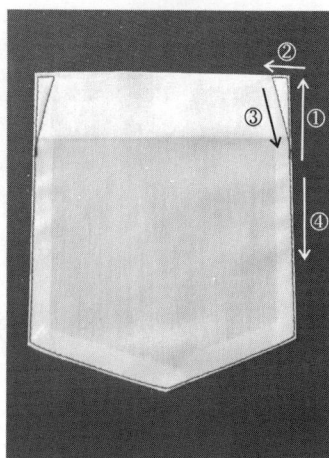

图1-56

## （二）单嵌线袋缝制

## 1.成品效果

正面效果如图1-57所示，反面效果如图1-58所示。

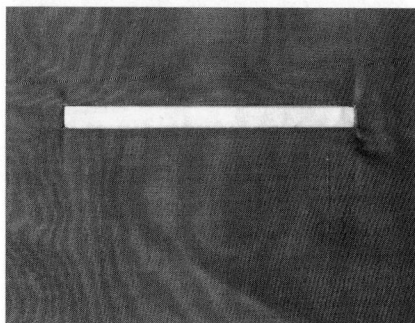

图1-57

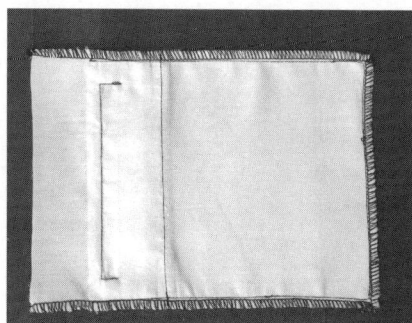

图1-58

## 2. 工具准备

衣片、口袋布、黏合衬等，如图1-59所示。

## 3. 制作步骤

（1）画袋位：在衣片正面画出袋位和大小，在袋布上向下2cm居中画袋位线，袋嵌条翻折烫2cm宽（图1-60）。

图1-59

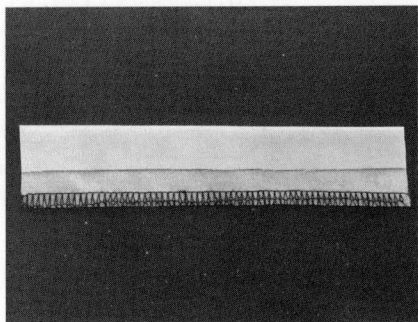

图1-60

（2）在嵌条上依1cm净样板缝合一道定位线（图1-61）。将嵌条、衣片和袋布上的袋位线对齐放平（图1-62），依前面缝合的1cm定位线缝合固定，注意长度只要口袋大即可（图1-63）。

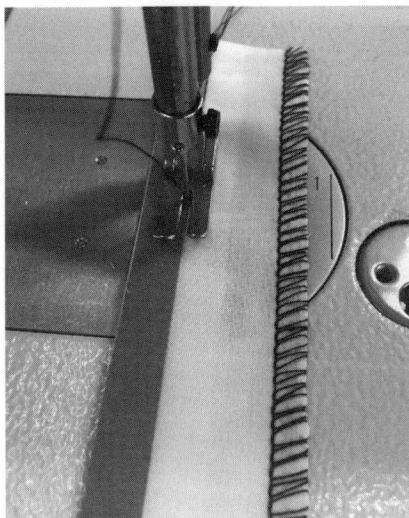

图1-61

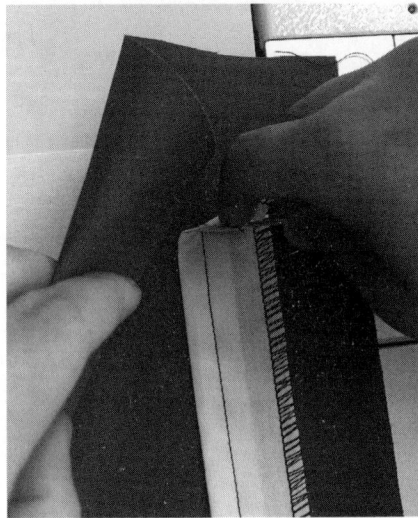

图1-62

（3）掀起嵌条，塞进袋垫布，依嵌条净纸样在反面固定袋垫布（图1-64）。缝合后的两条线一定要长短相等且平行，点点相连后必须是长方形（图1-65）。

图1-63

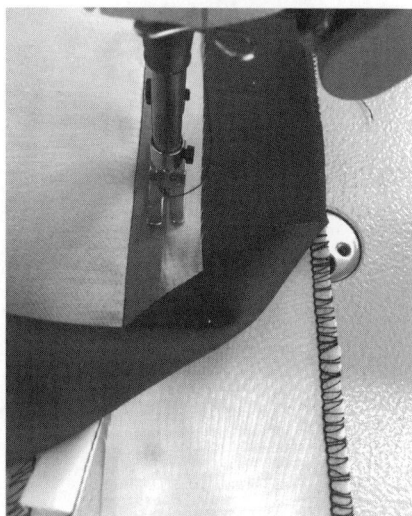

图1-64

（4）剪三角：先依袋口大中心点处将裤片对折剪开0.5cm左右缺口（方法同剪扣眼），然后依次向两边剪开（图1-66），剪到距离袋口大1cm处开始剪三角，要求是剪到线但不断线（图1-67）。

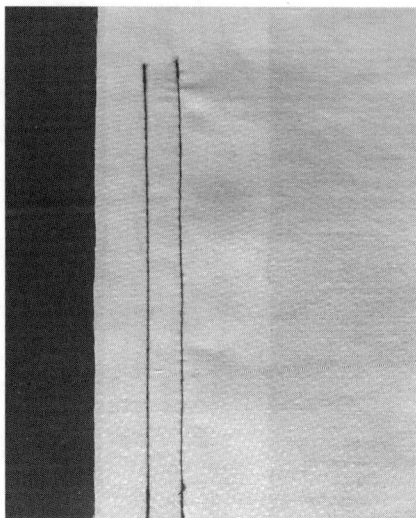

图1-65

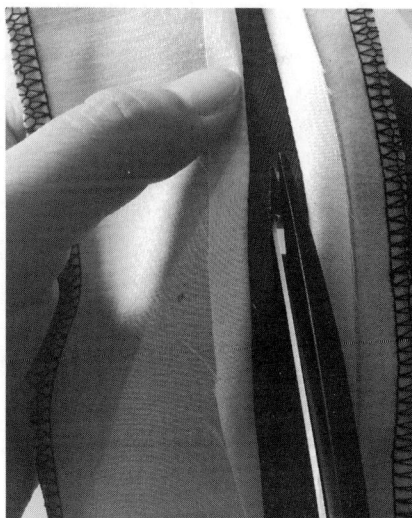

图1-66

（5）封三角：衣片放上，掀开衣片袋布，将三角和嵌条袋垫布固定，注意一定要缝在三角形的底边上，否则袋角会不垂直而呈圆弧状（图1-68）。

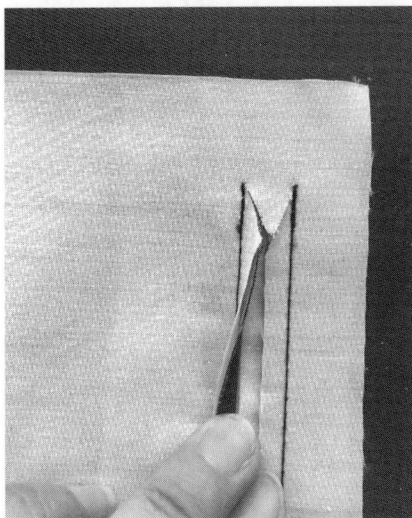

图1-67

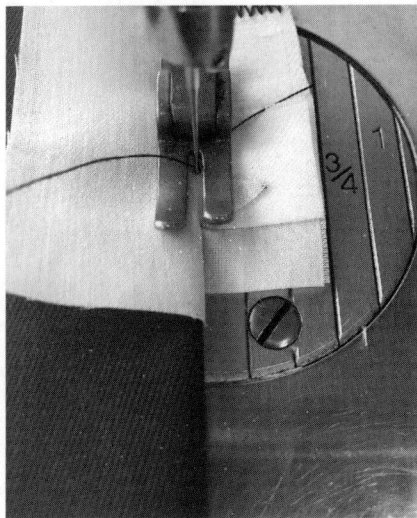

图1-68

（6）固定嵌条与袋布：将拷边一边的嵌条与袋布固定，缉线0.5cm（图1-69）。

（7）固定袋垫布与袋布：将另一块袋布依照腰口放齐，然后掀起衣片和嵌条等，固定袋垫布与袋布，缉线0.5cm（图1-70）。

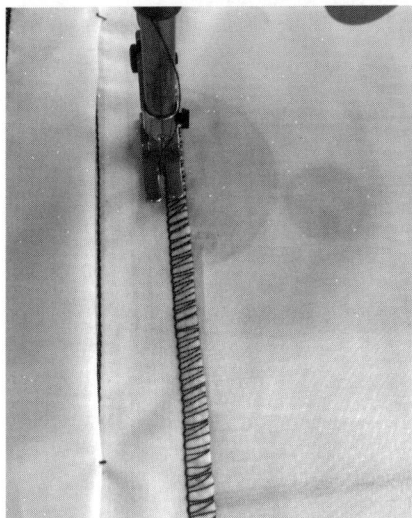

图1-69

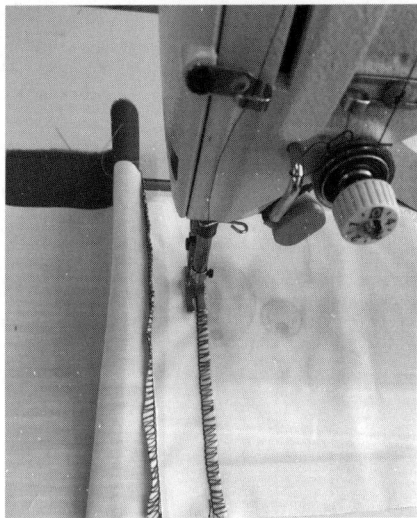

图1-70

（8）兜缉袋布：如图1-71所示将衣片放上掀起，兜缉袋布三周，缉线1cm，然后拷边。

（9）门字形封口：从三角处到袋上口用门字形封口，两边缉来回针3~4道（图1-72）。缉上口时注意将嵌条略向下放平，以免袋口出现豁口现象。

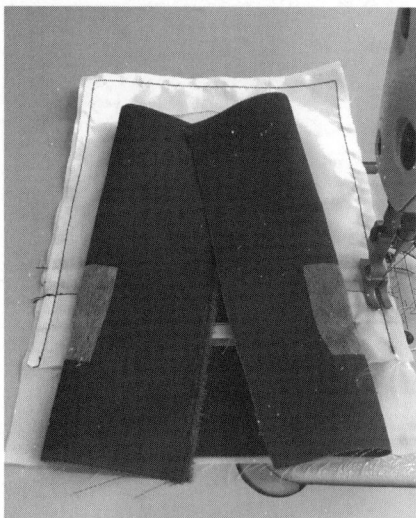

图1-71

图1-72

## （三）男衬衫领缝制

### 1. 成品效果

男衬衫领成品效果如图1-73所示。

### 2. 工具准备

上下领面、里，上下领净样板，如图1-74所示。

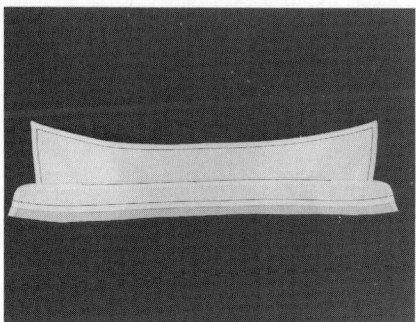

图1-73

图1-74

### 3. 制作步骤

（1）烫衬：将上、下领面烫上黏合衬。

（2）画净线：依照上、下领净样板在领面反面画净线（图1-75）。画线时注意左手要紧按住纸样板，不能有一点移动。画好的净线如图1-76所示，线不能画得太深，以防浅色面料上颜色透到正面。

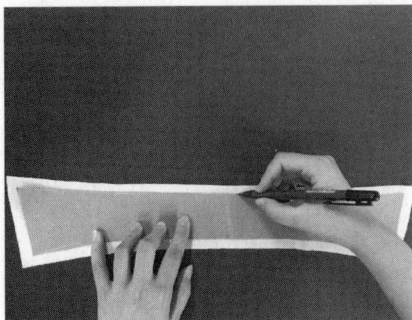

图1-75

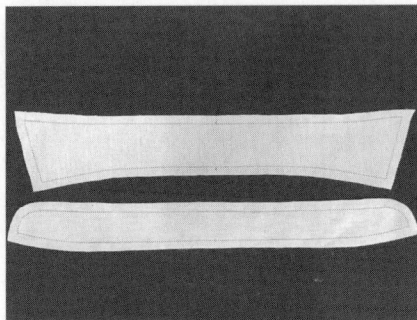

图1-76

（3）做上领：上领面、里正面相对，领面在上，根据领面上的净线缉线。为使领角部位有里外匀窝势，缝合时一定要将领里带紧，特别是在领角部位。在领角处，为使领角翻尖，可采用拉线方法。在缝合到图1-77的位置时夹入两根缝纫线，线必须紧靠机针（图1-78），然后转弯缝1针后将领外的线紧靠针拉回领里面（图1-79），下面就可继续缝合。

图1-77

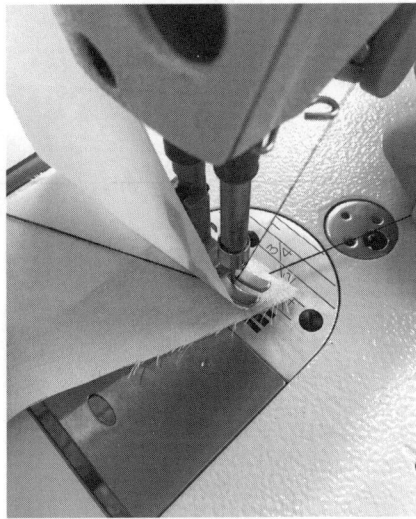

图1-78

（4）修剪、扣烫上领缝份，翻转上领：修剪缝份留0.5cm，领角处留0.2cm（图1-80），向领面方向扣烫缝份（图1-81），然后借助镊子和夹入的线将领角翻出（图1-82）。

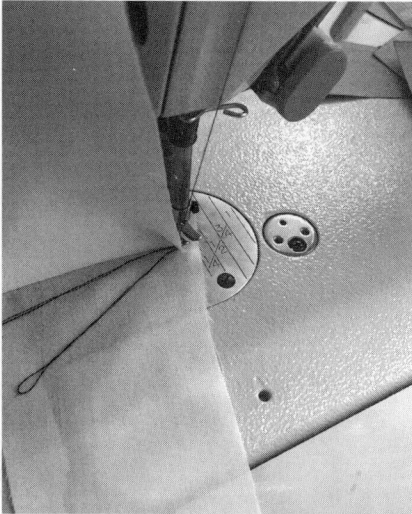

图1-79

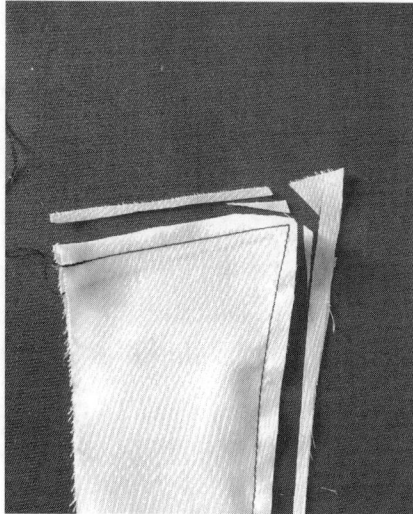

图1-80

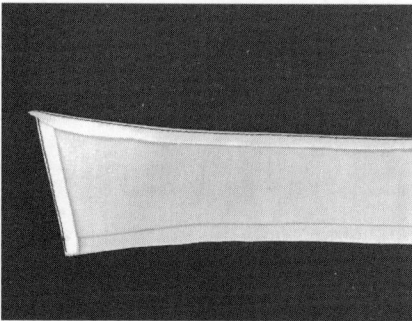

图1-81

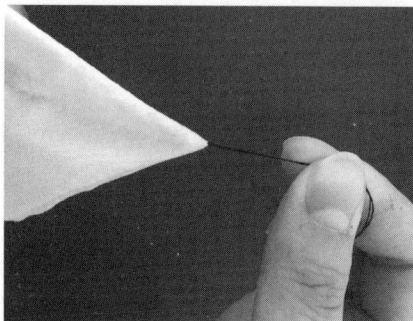

图1-82

（5）烫上领，缉上领止口：领里放上，利用左手手指和面料摩擦定出面、里的里外型烫平整（图1-83），注意缝份一定要烫足，不能有坐势。然后可根据具体要求缉上领止口，一般在0.2~0.6cm，缉止口时也要注意止口不能反吐（图1-84）。

图1-83

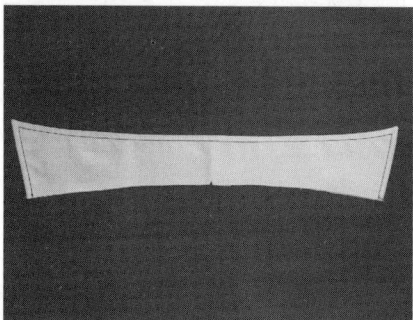

图1-84

（6）将下领面的装领线的缝份依净样板烫翻转（图1-85），然后正面在上缉线0.6cm（图1-86）。

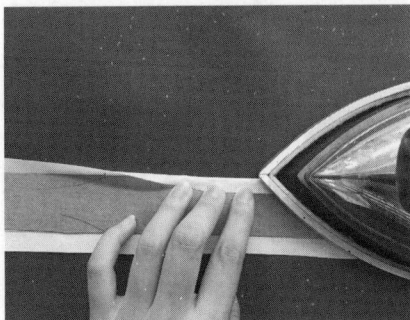

图1-85

图1-86

（7）缝合上、下领：将下领面、里正面相对，中间夹入上领，两个装上领点刀眼和中心点刀眼分别对准，沿下领净线缝合。由于上领比下领长出0.3cm，所以下领在肩缝处要拉长一点（图1-87）。

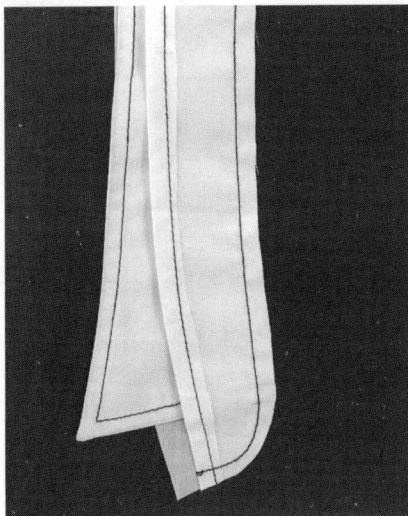

图1-87

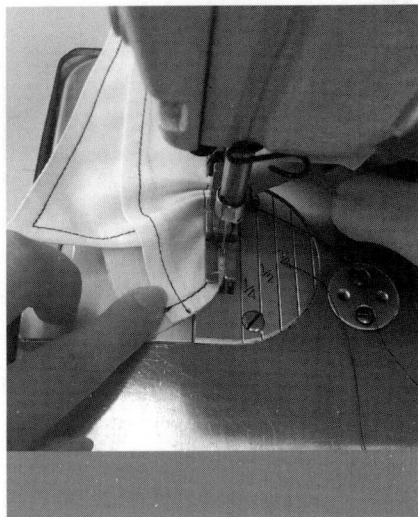

图1-88

修剪缝份在直线处留0.5cm，圆头处留0.3cm，然后在圆头处离边缘0.1cm缉线并抽紧（图1-88），这样圆头处翻转后容易圆顺（图1-89）。

翻转下领，烫平下领面和领里，在下领面正面沿上下领缝合线，缉线0.15cm，起落针距离两边装上领点5cm左右（图1-90）。注意缉线在下领面、里都要顺直，不能有漏针和坐势。

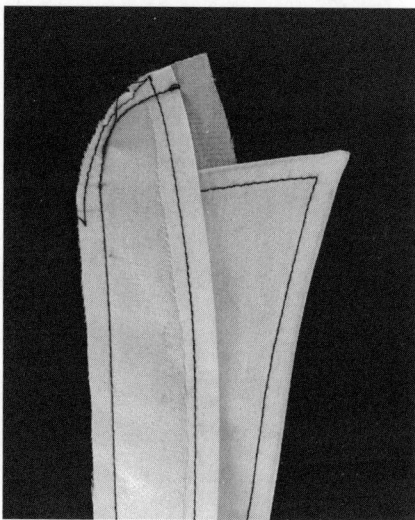

图1-89

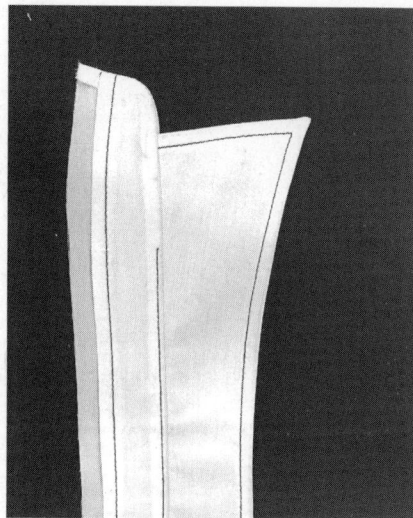

图1-90

## 拓展与练习

1. 简述锁平头扣眼的操作步骤。

2. 机缝时正确的坐姿是什么？

3. 男衬衫做领的操作要领是什么？

# 项目二　女裙的缝制工艺

## 主题一　喇叭裙的缝制工艺

裙腰头处口小，裙摆宽大呈喇叭状，故称为喇叭裙。喇叭裙带有动感的波浪能体现女性的柔美。喇叭裙的腰部既不收省也不打裥，利用斜丝缕裁制而成。喇叭裙分为独片裙、两片裙、四片裙、六片裙等。这里介绍的四片喇叭裙（图2-1、图2-2）。

图2-1　　　　　　　　　　　　　　　图2-2

### 一、喇叭裙的划样裁剪

#### 1. 用料

面料幅宽：150cm　用料：裙长＋50cm

黏合衬幅宽：90cm　用料：10cm

#### 2. 排料图

排料图如图2-3所示。

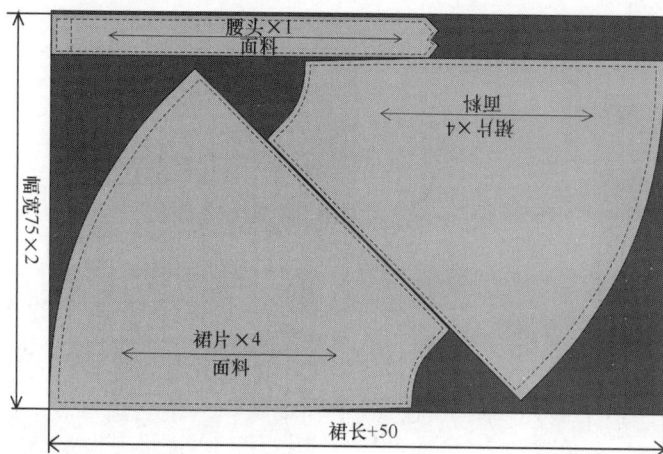

图2-3

### 3.裁剪注意事项

注意丝缕正确，弧线圆顺。

## 二、喇叭裙的缝制

### （一）缝合前后中心线

#### 1.缝合前中心线

前片中心线平缝1cm后拷边（图2-4），然后缝份向一边烫倒（图2-5）。

图2-4

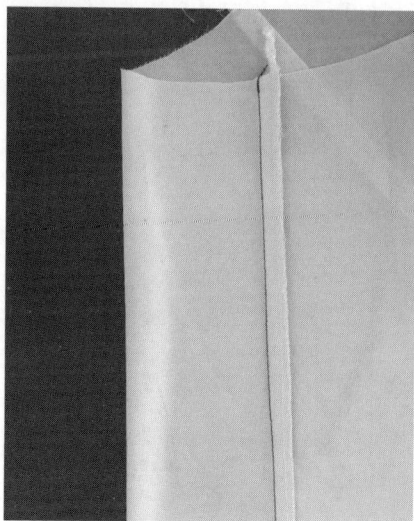

图2-5

### 2. 缝合后中心线

后片中心线先两侧分别拷边后缝合，从拉链下封口缝至底边，然后烫分开缝（图2-6）。

### （二）装隐形拉链

### 1. 烫拉链

为使隐形拉链卷曲的齿轮平整一些，可在齿轮处用熨斗熨烫一下（图2-7）。

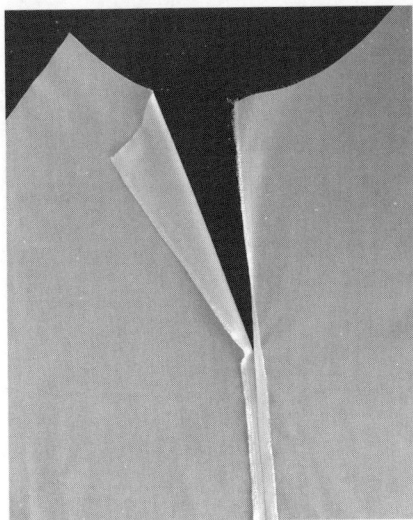

图2-6

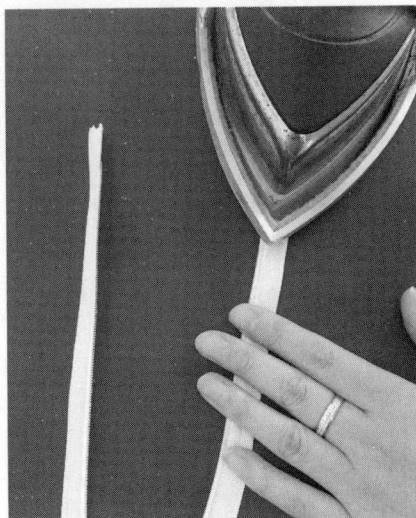

图2-7

### 2. 固定拉链

换上单边压脚，将隐形拉链反面向上居中放在缝份上，从拉链底部向上2cm开始沿拉链边0.5cm用长针距缝合固定（图2-8、图2-9）。

图2-8

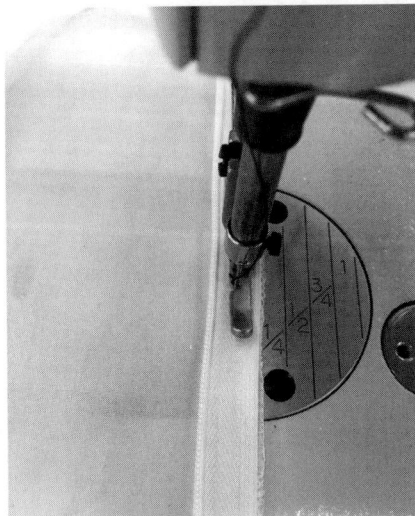

图2-9

### 3. 缝合拉链

把拉链头拉在最下端，翻开拉链卷曲的齿，紧沿齿边缉线将拉链缝合在缝份上（图2-10）。

### 4. 固定拉链预留处

将拉链头从最下端拉上后，把预留的2cm固定缝合（图2-11）。装好后的隐形拉链如图2-12所示，拉链布边不能外露。

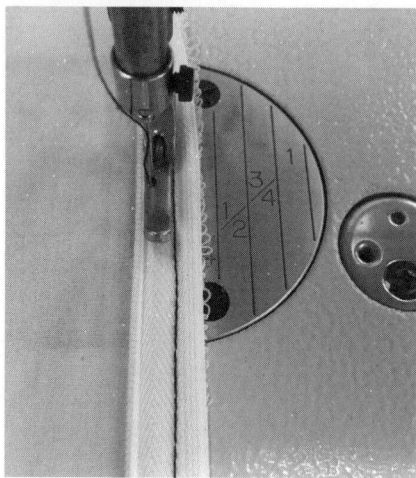

图2-10

图2-11

### （三）缝合侧缝

缝合侧缝方法同前中心线的缝合。

### （四）做腰头

### 1. 腰头面烫衬

在腰头反面烫衬后，先烫转一边缝份（图2-13）。

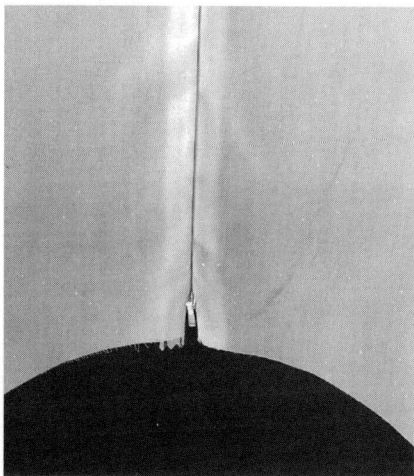

图2-12

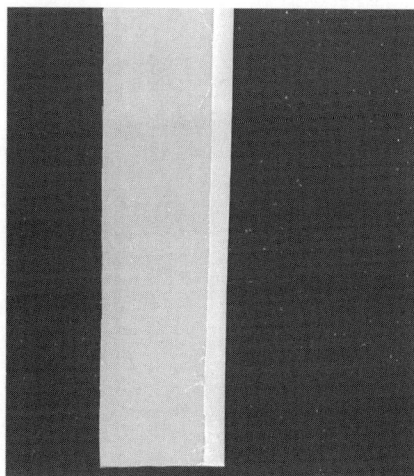

图2-13

**2. 烫腰头面**

依腰头净宽度对折烫平，如图2-14、图2-15所示。

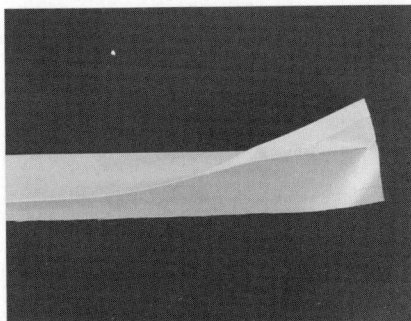

图2-14

图2-15

图2-16

**3. 包烫腰头里**

将所留缝份依布边拉紧包转烫平（图2-16）。烫完后的腰头面比腰头里略窄0.1cm左右。

**4. 缝合腰头**

做好装腰对位记号，将腰头翻转至反面，依图示缝合腰头，注意腰里略带进紧。门襟格为宝剑头状缝合（图2-17），里襟格为直线状缝合（图2-18）。

**5. 修剪缝份**

修剪缝份留0.5cm，翻转至桌面烫平。注意两头的宽度相等。

图2-17

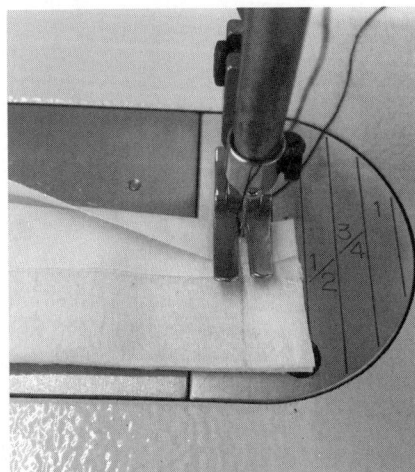

图2-18

## （五）装腰头

做好拉链处高低记号确定装腰头缝份，腰头面在上，裙片居中，腰头里在下用夹缉缝方法装腰，止口宽度为0.1cm（图2-19）。装腰时注意带紧腰里防止起皱（图2-20）。

图2-19

图2-20

## （六）做底边

用卷边缝方法缝合底边。两次折转底边缝份0.6cm，缉止口0.1cm。注意缝合时要将上层面料向前推送，防止起皱（图2-21）。缝合后的底边如图2-22所示。

图2-21

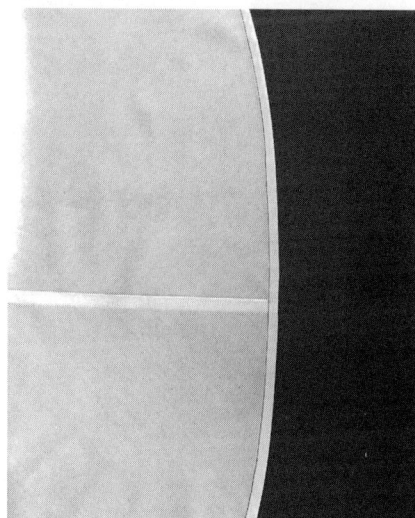

图2-22

### （七）锁眼钉纽

如图2-23所示，在门襟边锁眼，里襟边钉扣，位置准确。

## 三、喇叭裙整烫工艺

（1）烫平、压薄裙贴边，注意不能拉伸，以免变形起皱。

（2）烫平侧缝、腰面、腰里等。

图2-23

# 主题二　紧身裙的缝制工艺

紧身裙不分年龄，谁都可以穿着，是一款比较常见的大众款式。裙长可根据流行和个人的喜爱自由选择，根据裙长度配合步行的活动量，在后中心处加入开衩，来弥补裙幅的不足（图2-24、图2-25）。

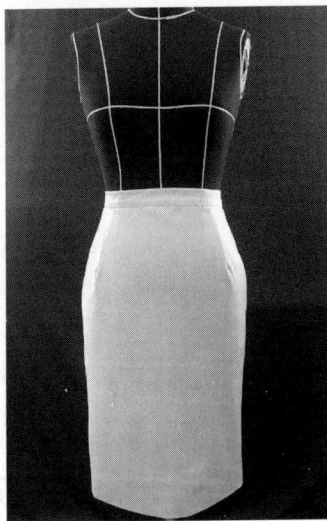

图2-24

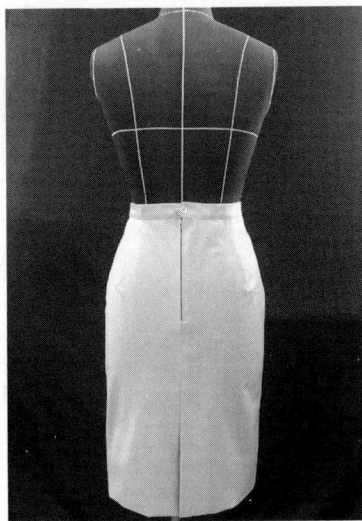

图2-25

## 一、紧身裙的划样裁剪

### 1. 用料

面料幅宽：145cm　用料：裙长+5cm

黏合衬幅宽：90cm　用料：20cm

## 2. 排料图

排料图如图2-26所示。

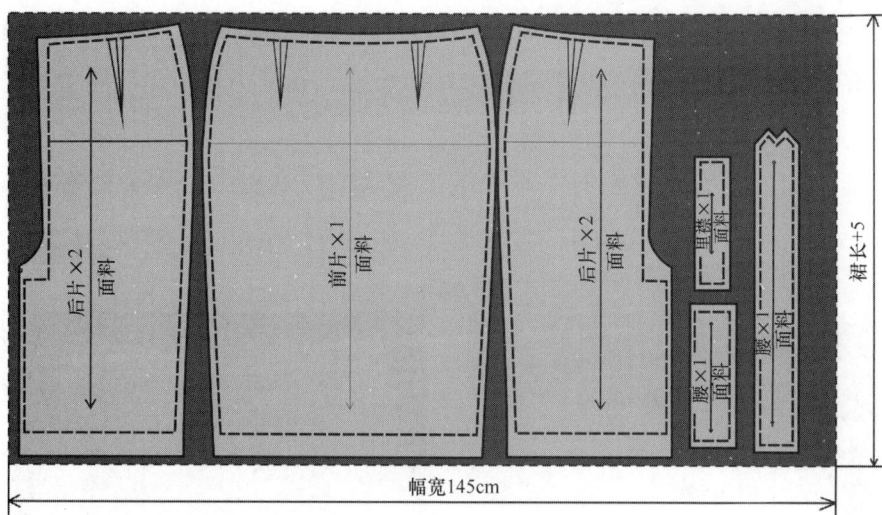

图2-26

## 3. 裁剪注意事项

注意丝缕正确，省位刀眼位和省长打孔位齐全。

# 二、紧身裙的缝制

## （一）烫衬、拷边

紧身裙烫、拷边如图2-27所示。

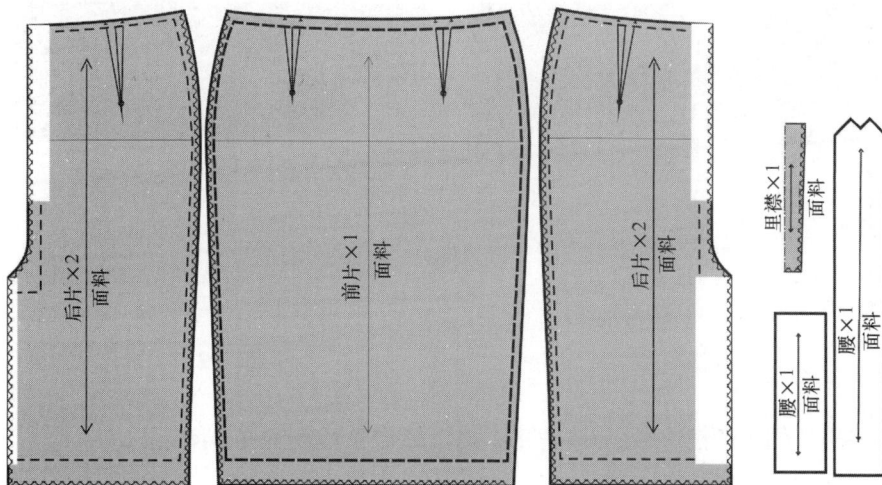

图2-27

**（二）缝制**

**1. 收省**

（1）将裙片从反面对折，刀眼对齐。

（2）依式样图要求确定每个省的长度，机针从确定好的省量位置，从省根缉到省尖点，省尖处倒针或打结。注意左右两片省长度、省量一致，缉线顺直，省尖要尖（图2-28）。

（3）反面朝上，省缝反面向中心烫倒、烫顺。注意熨烫后省尖处平服、无窝势（图2-29）。

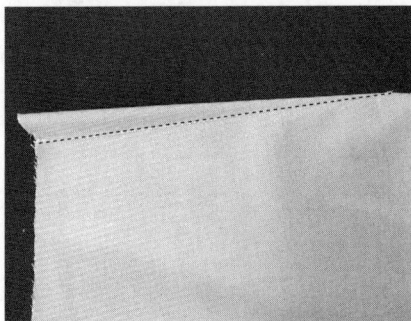 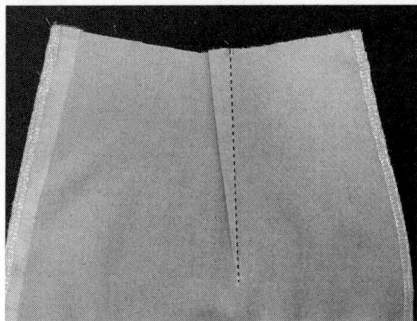

| 图2-28 | 图2-29 |

**2. 缝合后中心线**

（1）先将左后片开衩处依净宽度烫翻转（图2-30），然后把两后片正面相对放平，从拉链封口位置向下直角拐弯缉至衩边缘，注意首、尾位置一定要倒针缝牢（图2-31）。

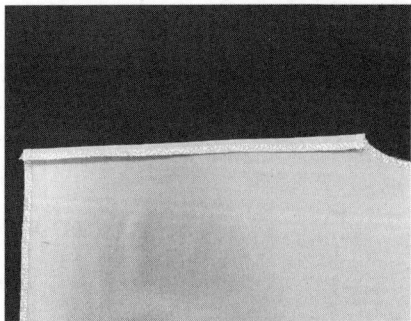 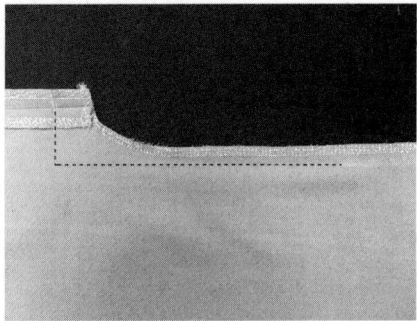

| 图2-30 | 图2-31 |

（2）开衩以上缝份从衩处分缝烫平，以下缝份顺势烫倒缝（图2-32），门襟依衩宽烫平整（图2-33）。

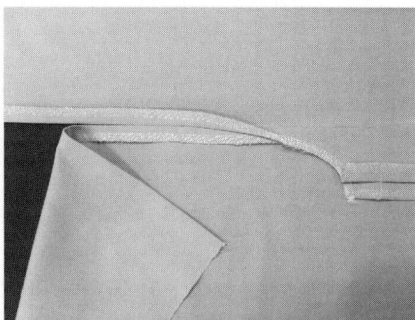

图2-32

图2-33

### 3. 做衩处下摆

（1）把里襟处底边向正面折转，依衩宽烫迹线缝合（图2-34），然后翻转至正面。

（2）门襟处底边向正面折转，依底边烫迹线缝合（图2-35），后翻转至正面（图2-36、图2-37）。

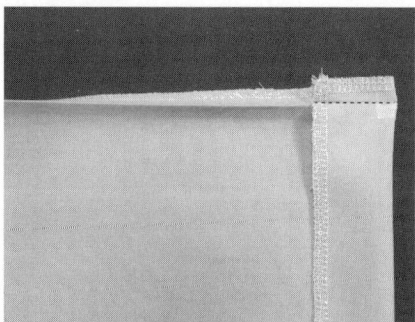

图2-34

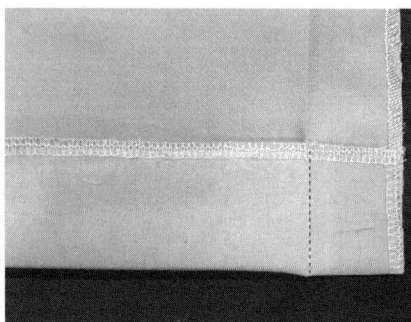

图2-35

图2-36

图2-37

### 4. 装拉链

（1）将拉链与里襟毛边缩进0.5cm对齐（图2-38），沿拉链边0.1~0.2cm固定（图2-39）。

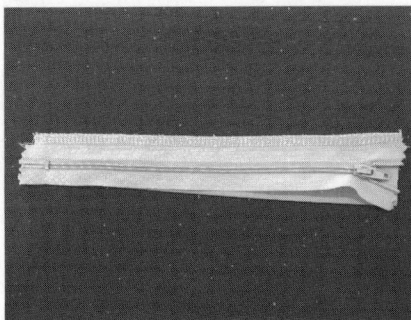

图2-38

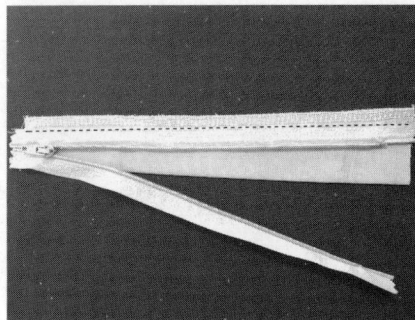

图2-39

（2）将烫折转的缝份边缘对准拉链中线，压缉0.6cm止口（图2-40）。先压缉门襟止口，注意将里襟翻转，不能缉住里襟（图2-41）；然后把里襟放平压缉里襟止口，在拉链下端缉来回三道封口（图2-42、图2-43）。

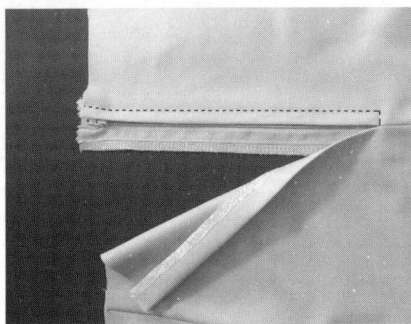

图2-40

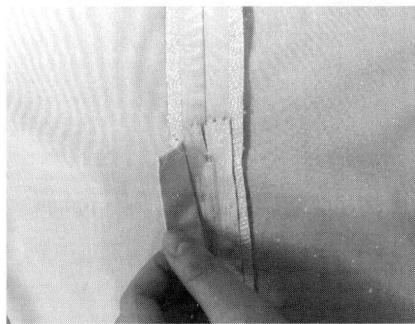

图2-41

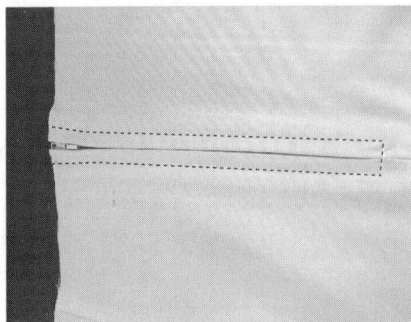

图2-42

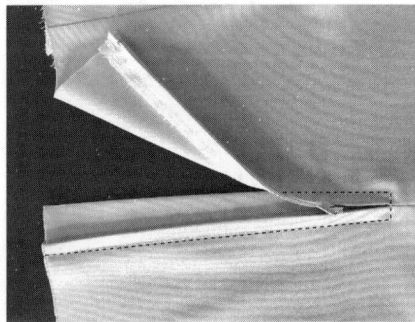

图2-43

### 5.缝合侧缝

将裙前后片正对正放平,依净线缝合(图2-44);然后烫分开缝(图2-45)。

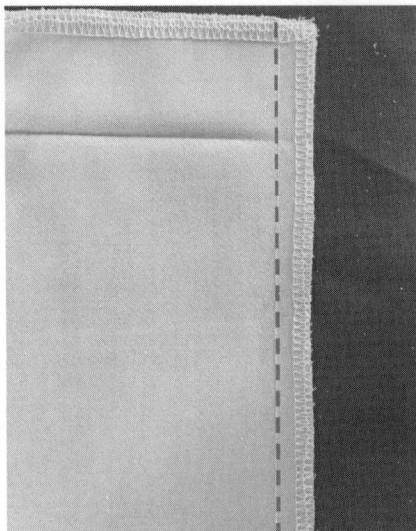

图2-44

图2-45

### 6.做腰头

(1)把两片腰头正面相对拼接缝份后烫分开缝(图2-46),然后烫黏合衬。

(2)依腰头净宽度把腰头布烫成如图2-47所示,注意腰头里比腰头面宽0.1cm。

图2-46

图2-47

7. 装腰头

（1）做好侧缝的对位记号，从门襟处开始装腰头，缝份大小依照烫翻转的净宽线（图2-48）。

（2）把腰头里的缝份放平，门襟依宝剑头纸样缝制，里襟依直线缝制（图2-49、图2-50）。

（3）翻转烫平腰头（图2-51）。

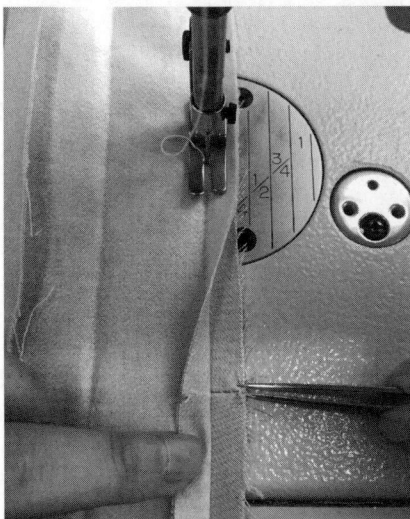

图2-48

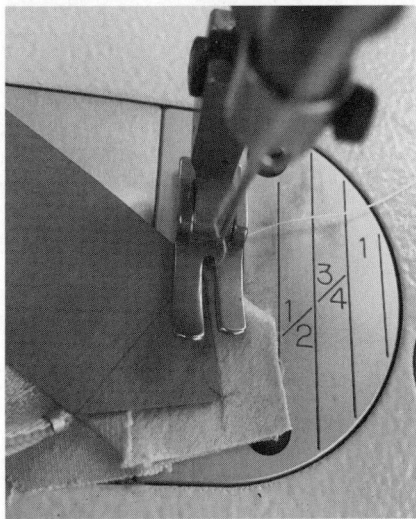

图2-49

图2-50

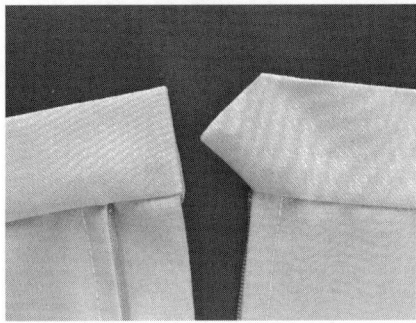

图2-51

（4）将腰头面、腰头里放平，腰头面上压缉0.1cm止口，腰头里止口不超过0.2cm。注意将腰头里带紧，腰头面推送，避免出现起皱（图2-52）。

8. 撬三角针固定底边和后衩

在后衩和底边处用三角针固定（图2-53、图2-54）。

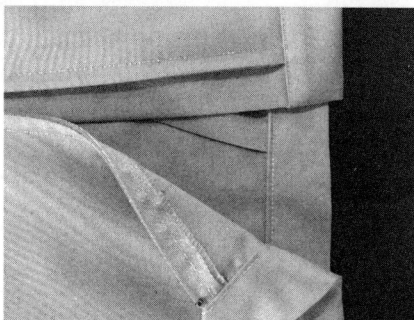

图2-52

图2-53

**9. 锁眼、钉扣**

门襟处锁扣眼，里襟处钉纽扣（图2-55）。

图2-54

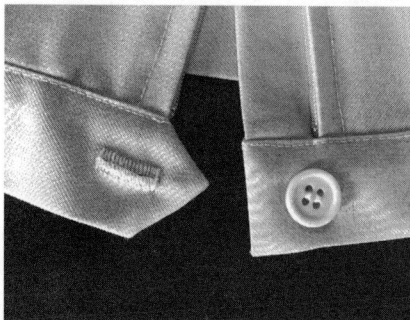

图2-55

## 三、紧身裙的整烫工艺

先在反面熨烫侧缝、后中缝的分开缝以及底边和开衩处的三角针，然后到正面压烫缝份和省缝，注意厚薄位置的熨烫处理，不能出现贴边印痕。

# 主题三　连衣裙的缝制工艺

连衣裙是指上衣与裙子连接在一起的服装。款式多样，此款为腰围剪接式短袖连衣裙。领型为无领式鸡心领。上衣为前片侧缝处收侧胸省，前后腰节收腰省。裙子为六片裙，右侧缝装拉链，位置在袖窿深线下至臀高线之间（图2-56、图2-57）。

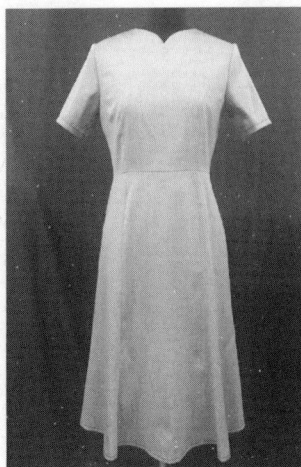 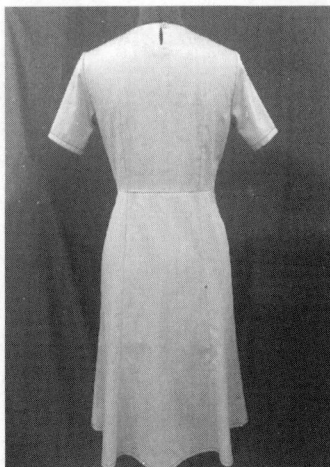

图2-56　　　　　　　　　图2-57

# 一、连衣裙的划样裁剪

## 1. 用料

面料幅宽：140cm　　用料：衣长+15cm

黏合衬幅宽：90cm　　用料：30cm

## 2. 排料图

排料图如图2-58所示。

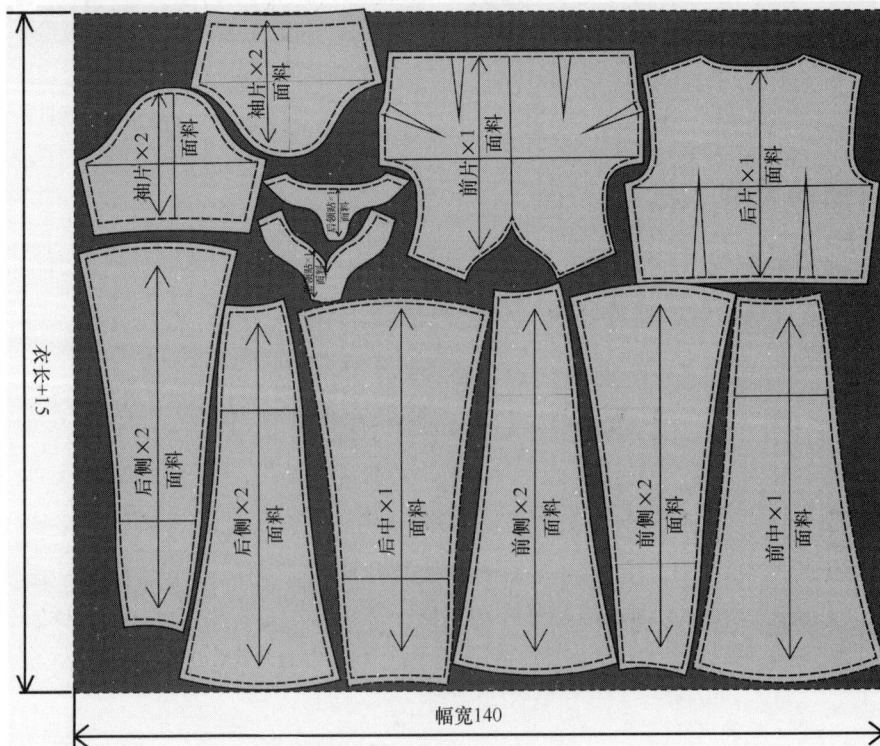

图2-58

### 3. 裁剪注意事项

注意丝缕正确、省位刀眼位和省长打孔位齐全。

## 二、连衣裙的缝制

### （一）收省

连衣裙收省同紧身裙收省，然后将省缝反面向侧缝烫倒（图2-59、图2-60）。

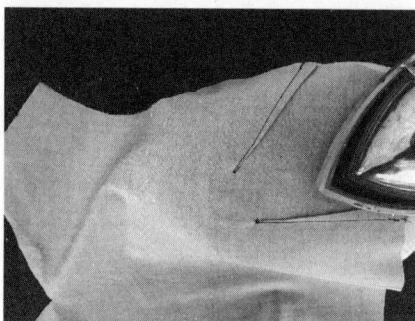

图2-59

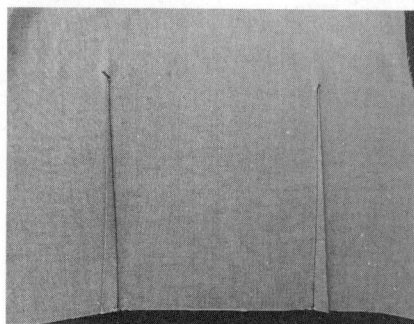

图2-60

### （二）缝合肩缝

后衣片在下，前衣片在上，正面相对缉线1cm，在肩缝中段后片略归拢（图2-61）。然后拷边，缝份向后片烫倒（图2-62）。

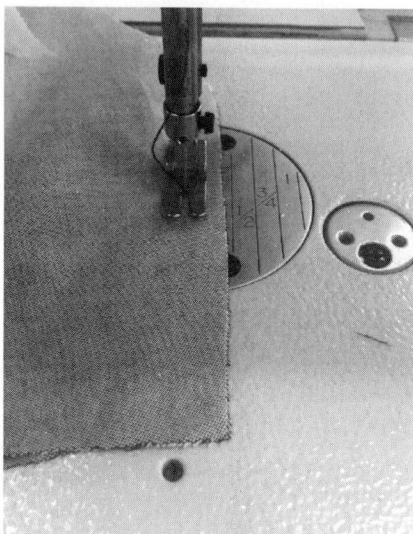

图2-61

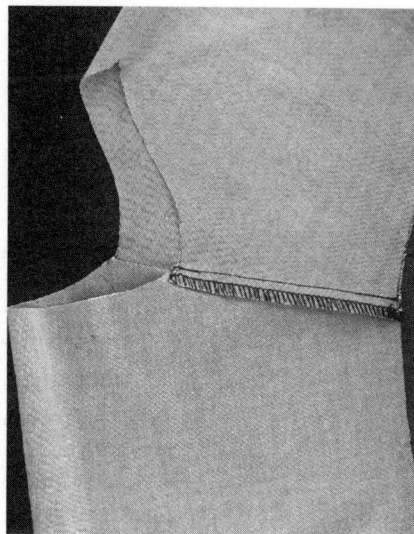

图2-62

### （三）做、装领贴边

（1）前、后领贴反面粘上黏合衬，并将肩缝处缝合（图2-63），缝份分开烫平后拷边（图2-64）。

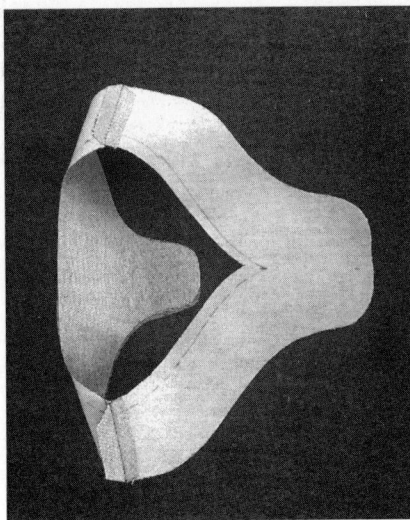

图2-63

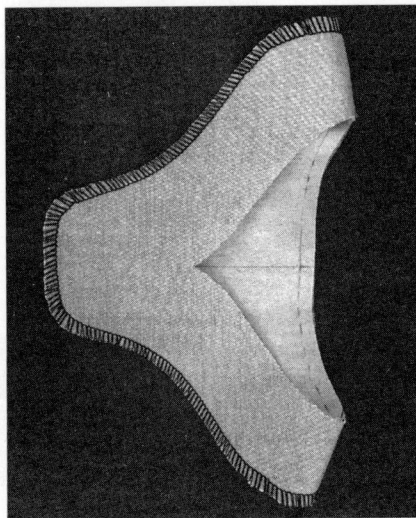

图2-64

（2）做布纽襻：将面料向反面双折后在再对折，缉0.1cm清止口（图2-65）。

（3）将领贴放在领圈位置，并将布纽襻夹在左侧开衩上端，沿着领贴上的净线缝合一周（图2-66），在前后尖点处要调小针距。然后修剪缝份留0.5cm，前后开衩位置沿缉线中间剪开（图2-67）。

图2-65

图2-66

（4）贴边翻进，在领贴边上沿领圈边缘缉线0.1cm（图2-68）。

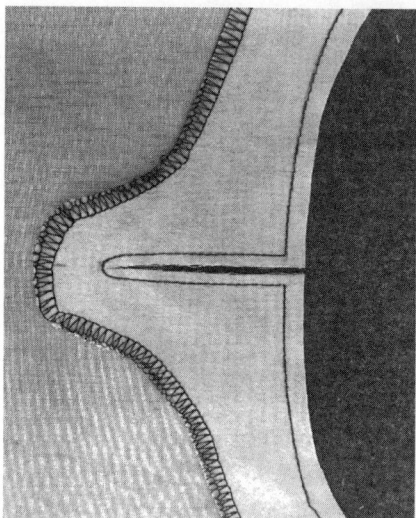

图2-67

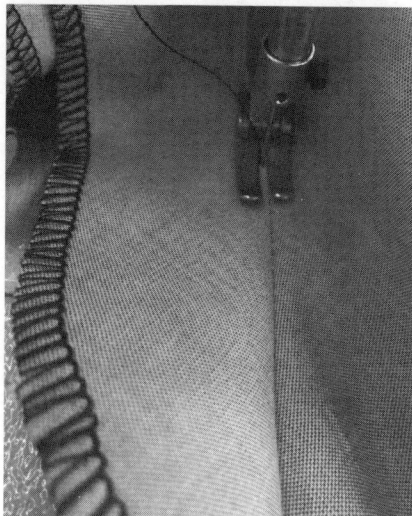

图2-68

（5）翻转作缝烫出里外型，尖角处要尖，弧线处要圆顺（图2-69、图2-70）。

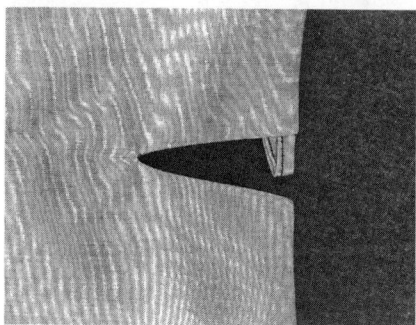

图2-69

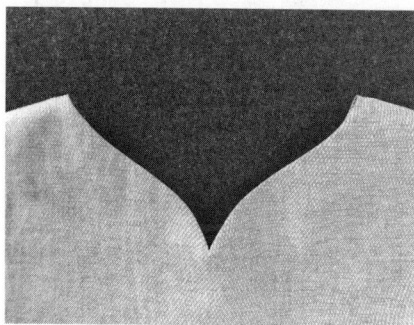

图2-70

## （四）装袖

### 1. 袖山头抽吃势

右手食指顶住压脚，袖山头用稀针距缉线一道（图2-71、图2-72）。然后调整吃势量，在袖山头刀眼左右一段横丝缕略少抽些，斜丝缕部位吃势量稍多些，袖山头向下一段少抽，袖底部位不抽。

图2-71

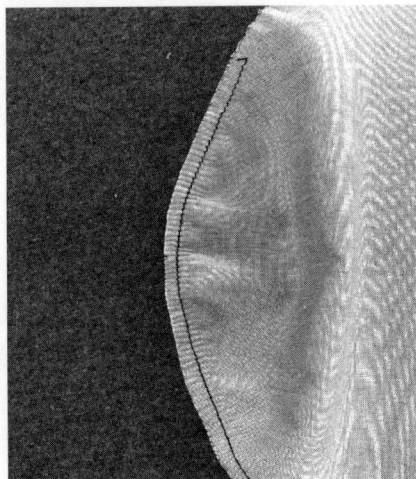

图2-72

## 2. 装袖

袖子与衣片正面相对（衣片、袖子均可放上），缝份对齐，袖山头刀眼对准肩缝，缉线0.8cm（图2-73）。然后衣片放上拷边。

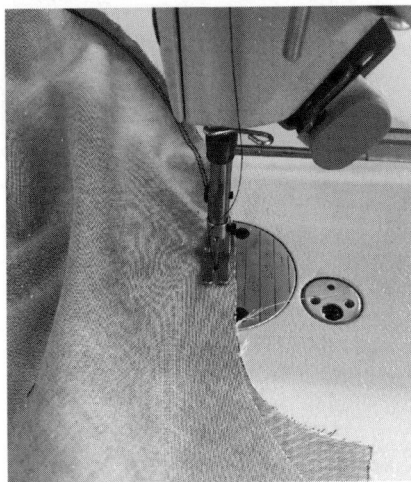

图2-73

图2-74

**（五）缝合前中、前侧裙片，缝合后中、后侧裙片**

将前中、前侧裙片正面相对，缉线1cm。然后前中放上拷边，作缝向两侧烫倒。后片相同（图2-74）。

**（六）缝合前裙片与前衣片，缝合后裙片与后衣片**

裙片与衣片正面相对，衣片放上，缉线1cm，注意衣片省缝与裙片开刀线一定要对齐

（图2-75）。然后裙片放上拷边，做缝向衣片烫倒（图2-76）。

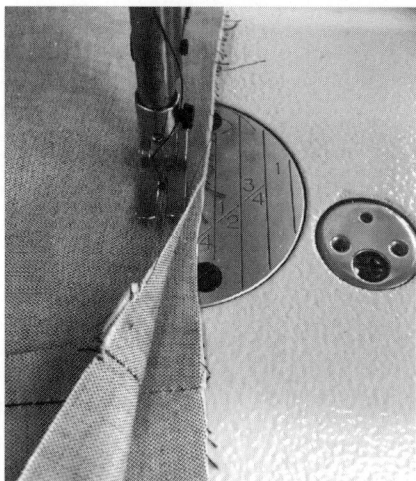

图2-75

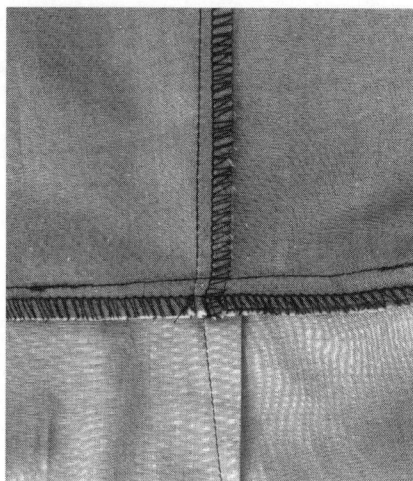

图2-76

### （七）缝合侧缝、装拉链

#### 1.拉链处侧缝拷边

核对装拉链位置，然后拉链上、下止口延长2cm先单边拷边（图2-77）。

#### 2.缝合侧缝

前后片正面相对，缉线1cm，袖底的十字缝注意一定要相对。然后向后片烫倒缝（图2-78）。

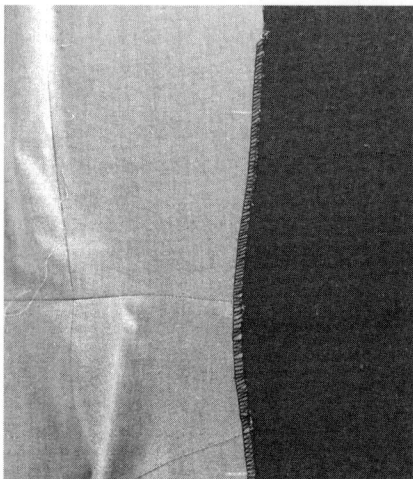

图2-77

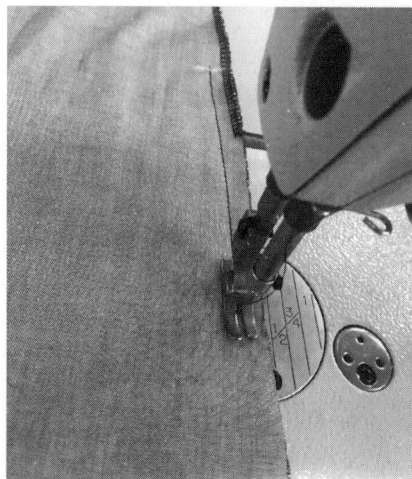

图2-78

3. 装隐形拉链

方法同喇叭裙中装隐形拉链。（参见本书项目二中喇叭裙的缝制工艺）

（八）缝合底边

方法同喇叭裙。两次翻转底边处缝份0.6cm，缉止口0.1cm。注意缝合时要将上层面料向前推送，防止起皱。

（九）卷袖口

方法同底边，翻转宽度为1cm，缉止口0.1cm。

（十）手工

1. 钉纽

在后领右片布襻相应位置钉纽（图2-79）。

2. 固定领贴

在肩缝处将领贴与衣片肩缝用手针固定，防止滑动（图2-80）。

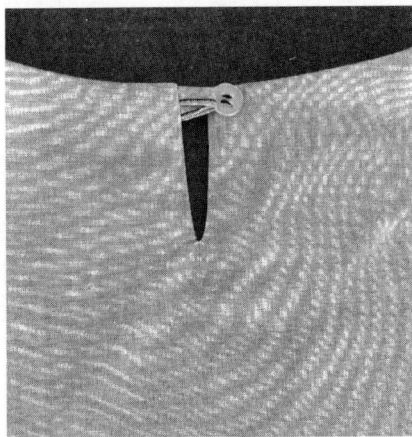

图2-79

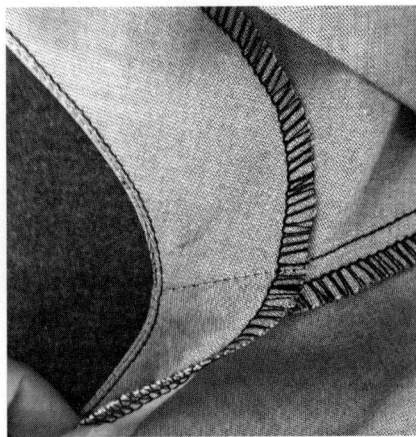

图2-80

## 三、连衣裙的整烫工艺

（1）将收省部位和领贴处放在布馒头上烫平。

（2）熨烫裙片开刀线、侧缝和底边。

（3）熨烫衣袖，将袖口处烫平。

## 拓展与练习

1. 怎样装隐形拉链？

2. 紧身裙的开衩部位怎样处理？

3. 简述连衣裙的工艺流程。

# 项目三　男西裤的缝制工艺

　　本款男西裤为装直腰，前中门里襟装拉链，前裤片腰口左右反褶裥各1个，前袋的袋型为侧缝斜插袋，裤串带6条。后裤片腰口左右各收省2个，省下左右裤片各开一字嵌线袋1个，平脚口（图3-1、图3-2）。

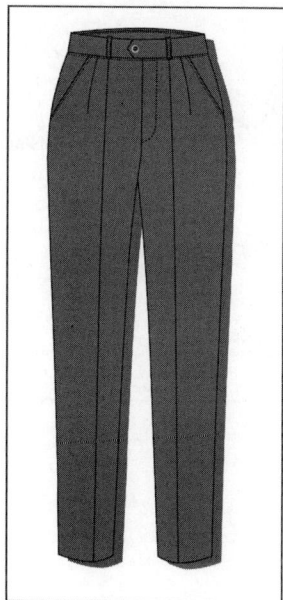 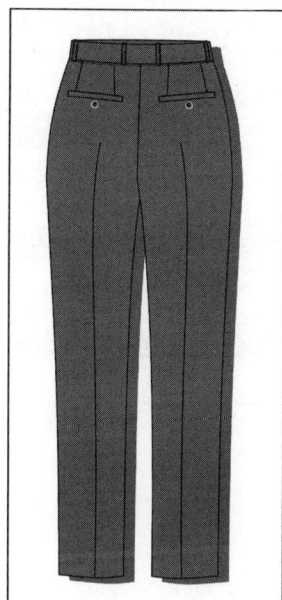

图3-1　　　　　　　　　　　　图3-2

## 主题一　男西裤裁片处理工艺

### 一、男西裤的用料

#### 1. 面料

幅宽：150cm　　用料：裤长+10cm

#### 2. 辅料

幅宽：90cm　　用料：20cm

## 二、男西裤的排料图

### 1.面料排料图

面料排料图如图3-3所示。

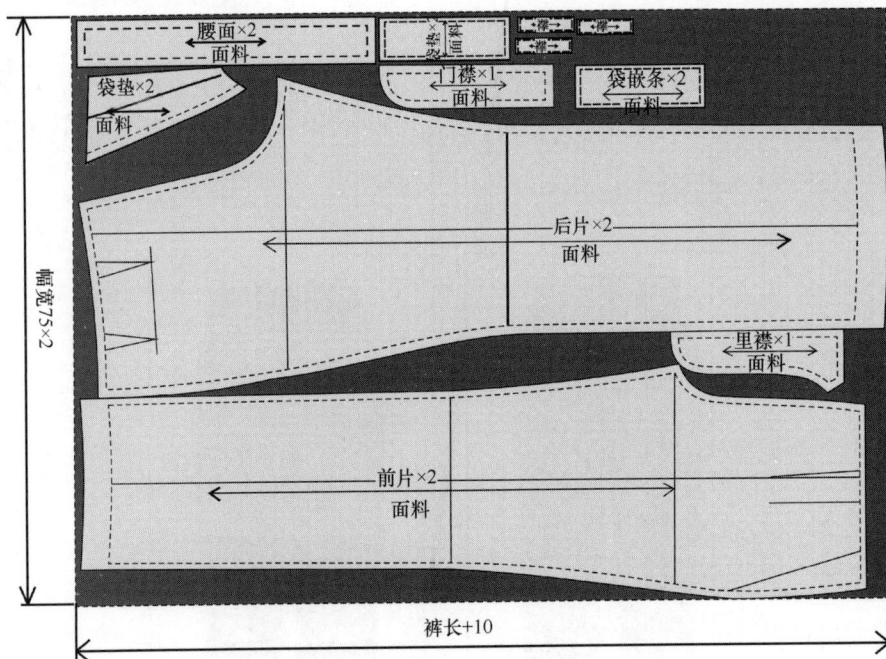

图3-3

### 2.辅料排料图

辅料排料图如图3-4所示。

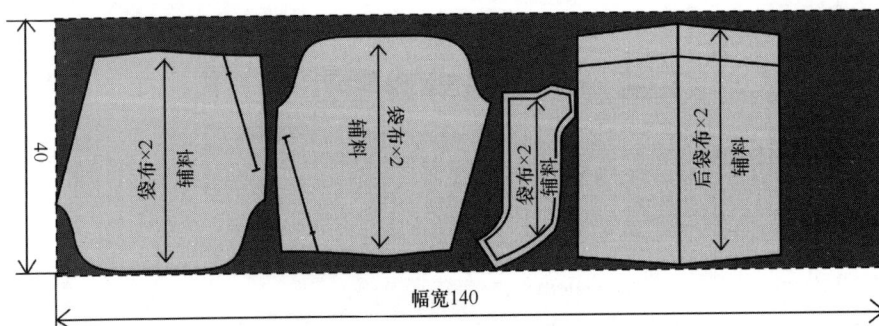

图3-4

### 3. 烫衬、拷边

烫衬部位：腰面、门襟、前片斜插袋口、嵌线、收省后的开袋位。

拷边部位：裤片除了腰口不要拷边外，其余均拷边。门襟烫衬后弯度边拷边。

### 4. 收省、归拔裤片

（1）收省：后片腰口处收省，方法同裙。

（2）前裤片归拔：前裤片归拔如图3-5所示。

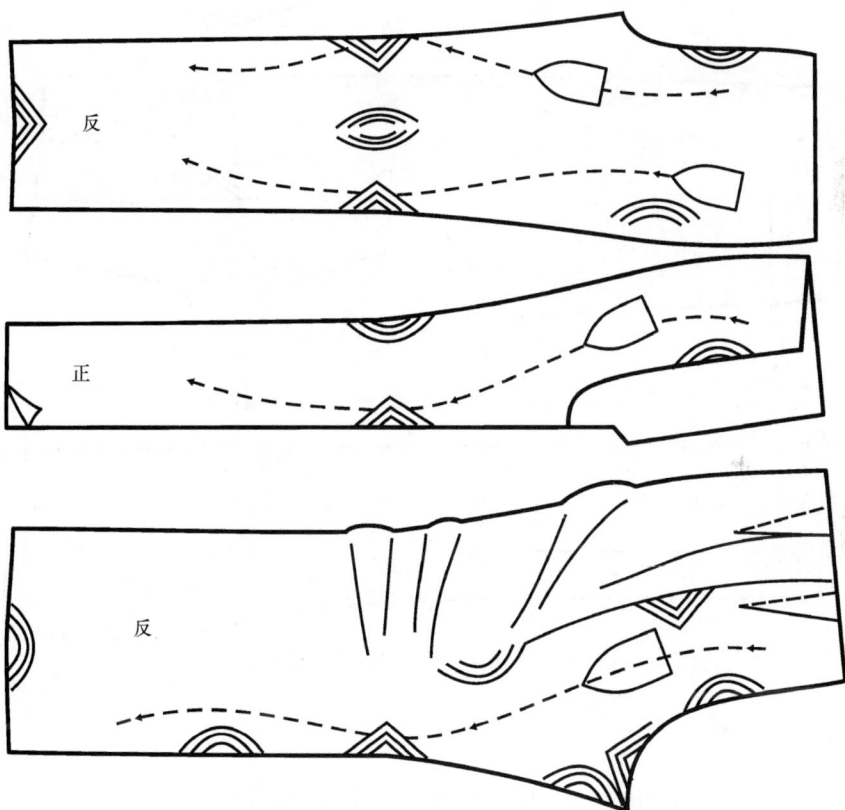

图3-5

（3）后裤片归拔：后裤片归拔如图3-6所示。

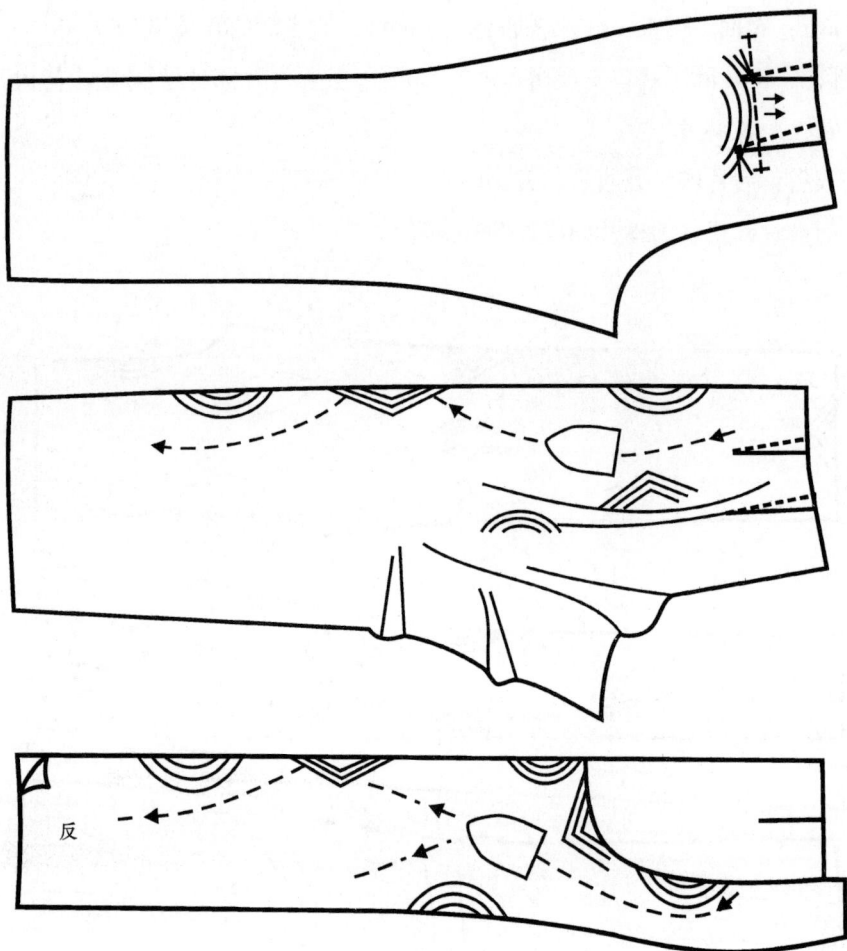

图3-6

## 主题二 男西裤后裤袋缝制工艺

### 一、开袋准备

**1. 收省**

男西裤收省方法同紧身裙。

**2. 材料**

后裤片、大小嵌线、袋垫布、袋布等（图3-7）。

**3. 画袋位线**

袋位处烫黏合衬（图3-8），在裤片省尖处规定位置、袋布向下2cm和下嵌线连折线向中间0.5cm三处画袋位线（图3-9）。

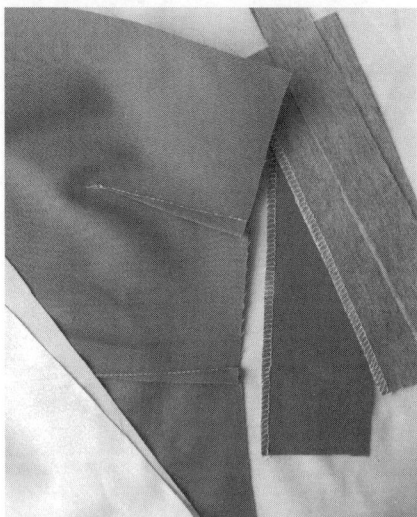 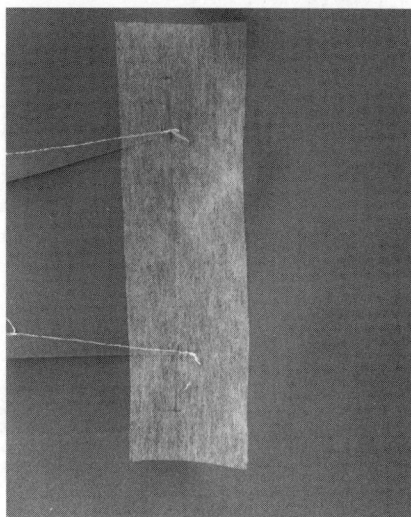

图3-7　　　　　　　　　　　　　　　　　图3-8

 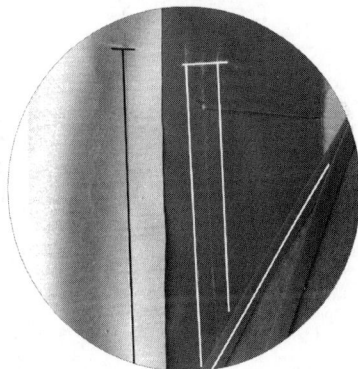

图3-9

## 二、开袋

### 1. 固定下嵌线

将三条前面画的袋位线对齐，袋布最下，裤片居中，下嵌线放上，依嵌线袋位净线固定缝合，注意首尾必须倒针（图3-10、图3-11）。

图3-10

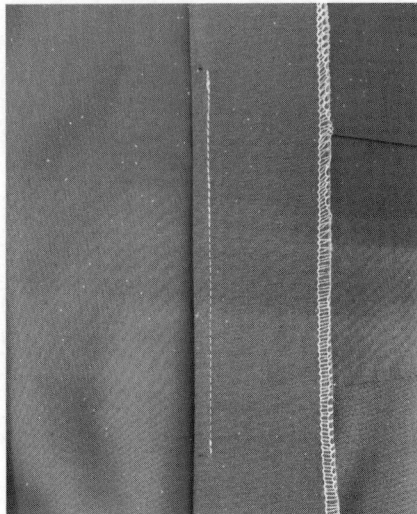

图3-11

### 2. 固定上嵌线

掀起下嵌线，塞进上嵌线，注意上嵌线的毛边与下嵌线的毛边对齐，在上嵌线居中缝合固定（图3-12）。注意检查两线之间的长短和平行（图3-13）。

图3-12

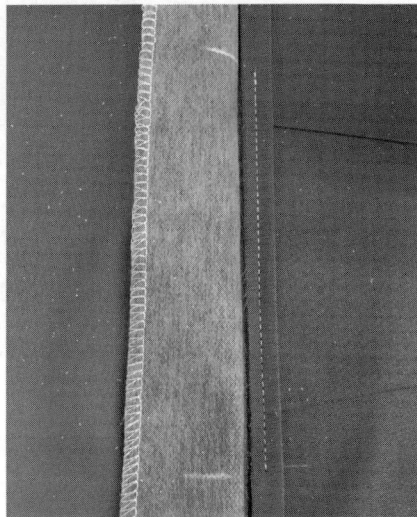

图3-13

### 3. 剪三角

先依袋口大中心点处将裤片对折剪开0.5cm左右缺口，然后依次向两边剪开，剪到距离袋口1cm处开始剪三角，要求是剪到线但不断线。具体操作可参考单嵌线开袋。如图3-14、图3-15所示。

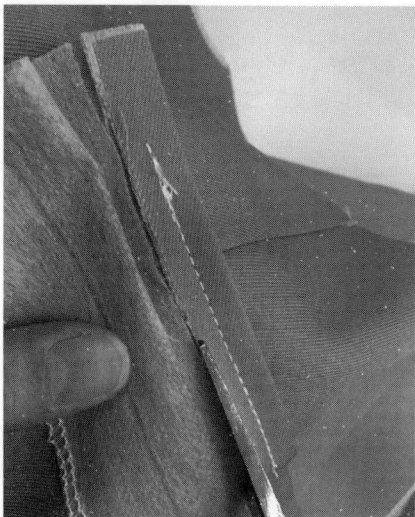

图3-14

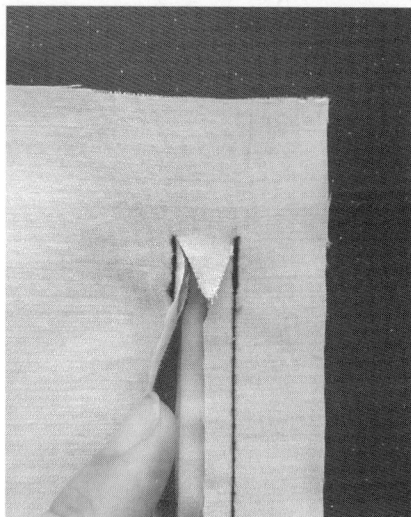

图3-15

### 4. 封三角

裤片放上，掀开裤片、袋布，将三角和嵌线、袋垫布固定，注意一定要缝在三角形的底边线上，否则袋角会不垂直呈圆弧状。封三角的反面如图3-16所示。具体操作图可参考单嵌线开袋。

### 5. 固定下嵌条与袋布

袋垫布放平与袋布沿拷边线缉线0.5cm固定（图3-17）。

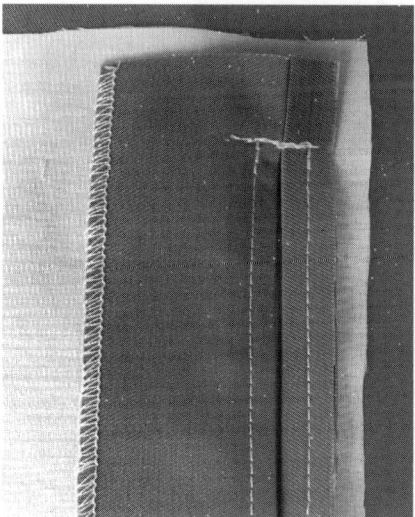

图3-16

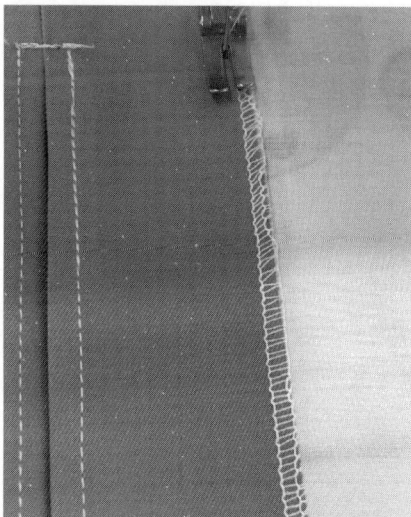

图3-17

### 6. 固定袋垫布与袋布

将下层袋布放上至腰口（图3-18），然后做好袋垫布位置标记，拉开裤片，沿拷边线缉线一道（图3-19）。

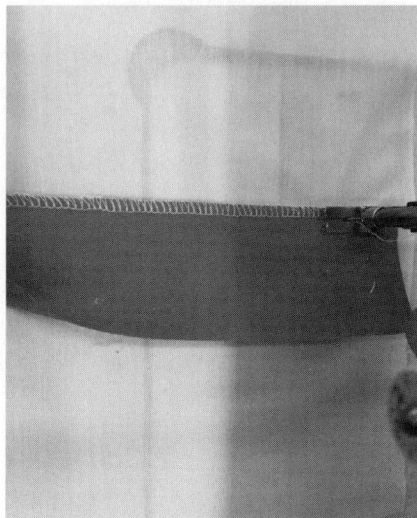

图3-18　　　　　　　　　　　　　　图3-19

### 7. 缝合袋底

将上下两层袋布对齐修剪，翻转袋布，对准位置缉线0.5cm（图3-20、图3-21）。

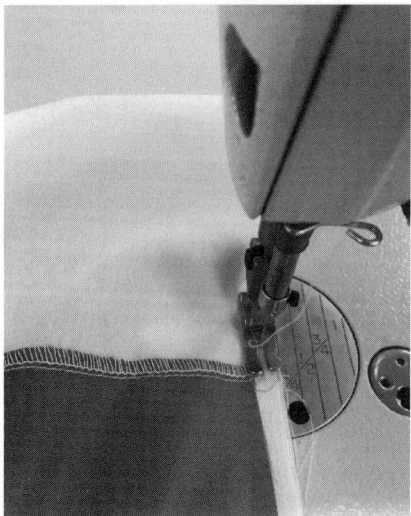
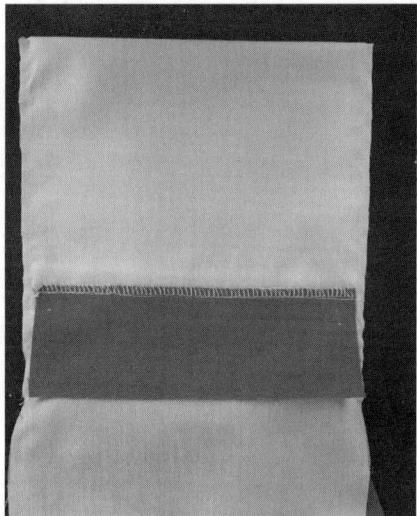

图3-20　　　　　　　　　　　　　　图3-21

## 8. 门字形封口

将裤片放上，袋布放平，掀起裤片，用门字形固定上、下袋布（图3-22），门字形两边缉来回针3至4道。缉门字形时注意把上嵌条推成弧形，避免出现袋口豁开现象（图3-23）。

图3-22

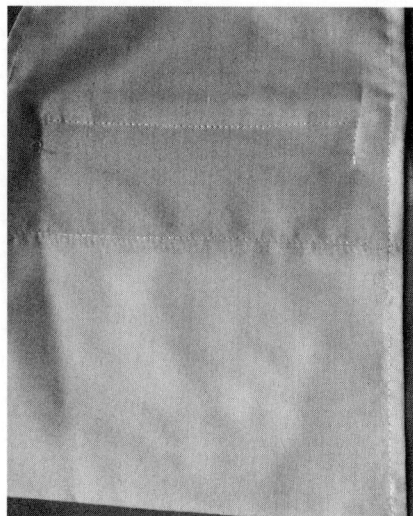

图3-23

## 9. 成品图

成品图如图3-24所示。

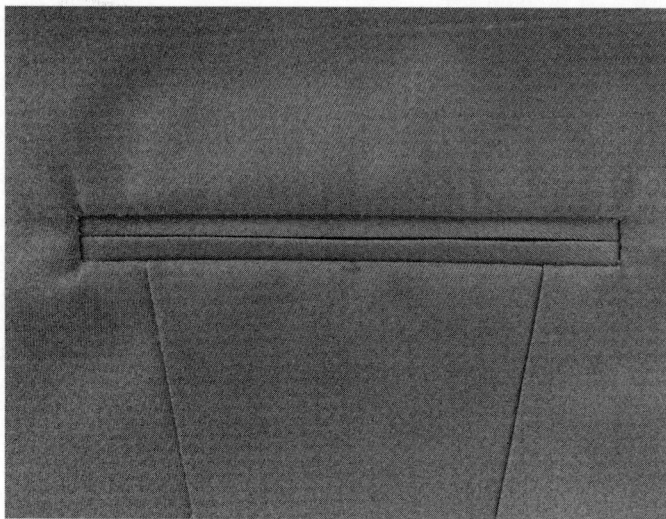

图3-24

# 主题三  男西裤斜插袋缝制工艺

## 一、做斜插袋

（1）将袋垫布反面朝下放在后袋布上，注意腰口处斜袋斜度记号相对（图3-25），沿拷边线缉线固定（图3-26）。

图3-25

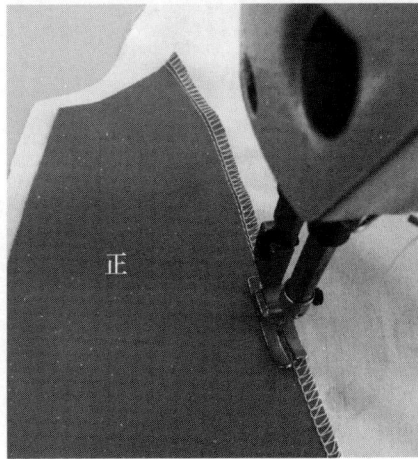

图3-26

（2）缝合袋底，将前后袋布的袋口斜度对齐后反面相对对折，从前袋口向下2cm开始缝合，缉线0.3cm（图3-27）。

（3）翻转缝份，注意直角处要将角翻出，然后烫平。袋上口未缝合一段按0.3cm缝份烫平（图3-28）。

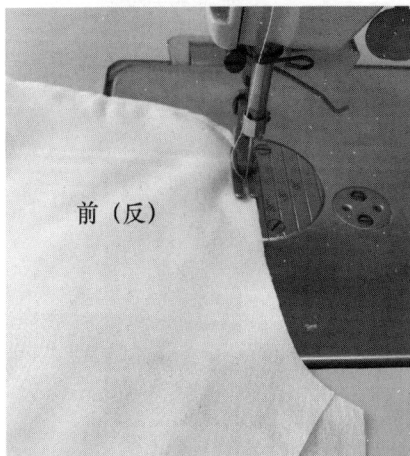

图3-27

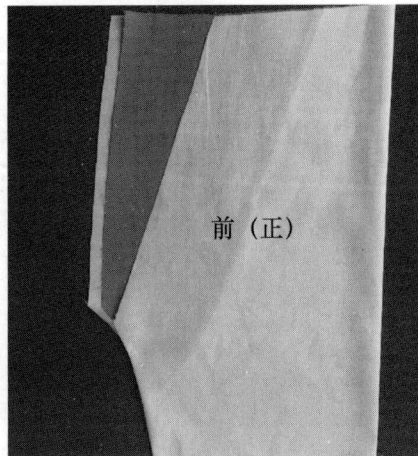

图3-28

## 二、装斜插袋

### 1. 烫衬

裤片斜插袋位烫1cm宽黏合衬（图3-29）。在裤片下封口处剪一刀眼，刀眼向下斜剪，依袋口净线烫翻转（图3-30）。

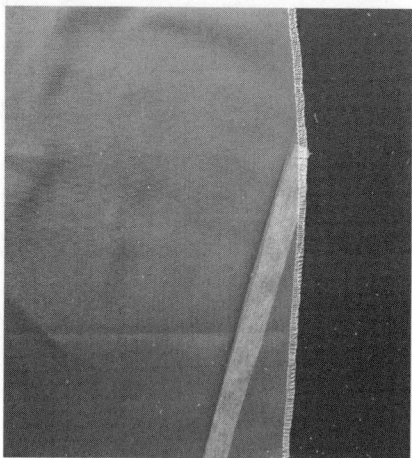 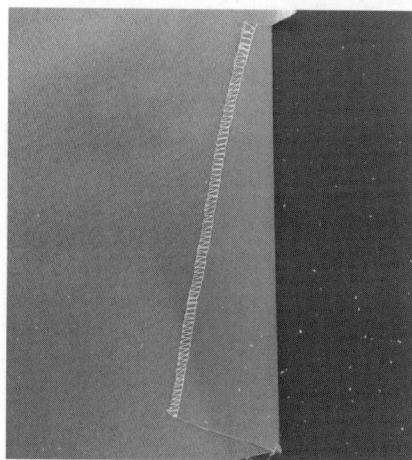

图3-29　　　　　　　　　　　　　　　　图3-30

### 2. 装前袋布

（1）将前袋布的斜袋口与前裤片侧缝袋口净线放齐，袋布放上，搭缉线0.5cm（图3-31）。

（2）翻转缝份，将后袋布掀开，在裤片正面袋口处缉线0.8cm，到刀眼处要一直缉下去（图3-32、图3-33）。

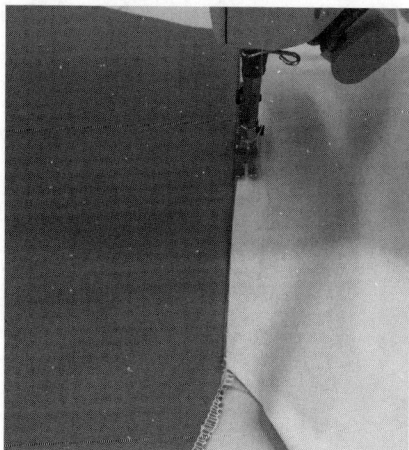 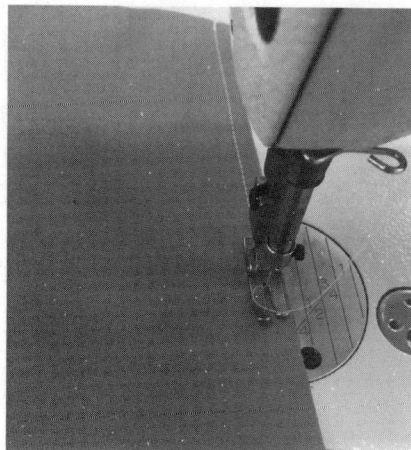

图3-31　　　　　　　　　　　　　　　　图3-32

（3）将袋垫布及后袋布放平，从腰向下毛缝4cm缉0.1cm止口，然后作垂直横线封口，来回3~4道（图3-34）。

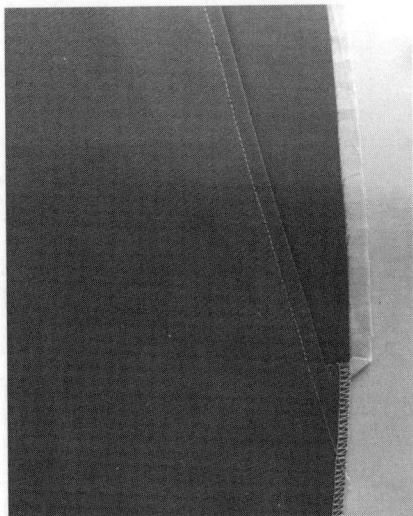

图3-33

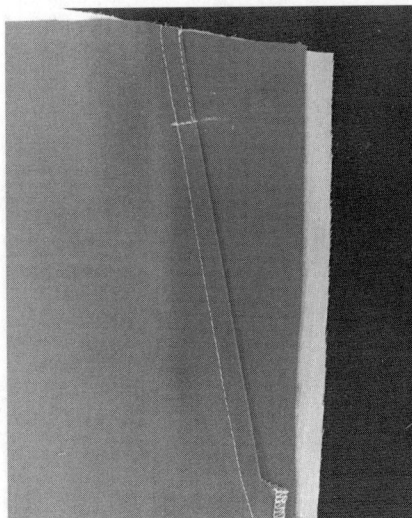

图3-34

（4）把后袋布拉开，袋垫布与前裤片在下袋角侧缝沿刀眼位固定2cm左右的标示线（图3-35、图3-36）。

图3-35

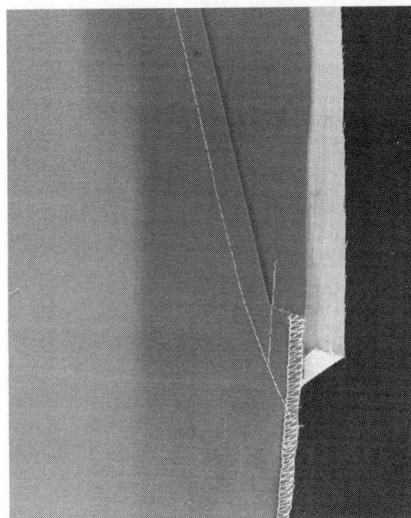

图3-36

### 3. 缝合侧缝

拉开后袋布，前、后裤片正面相对，前裤片在上，缉线1cm。缉线时注意缉在前面的固定标记线的里侧（图3-37），然后烫分开缝。

### 4. 装后袋布

把后袋布袋口扣光，覆盖在后裤片与袋垫布的分开缝上，沿袋布扣光的边缉0.1cm止口（图3-38）。

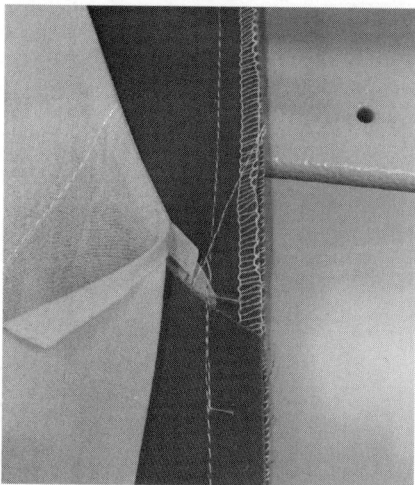

图3-37

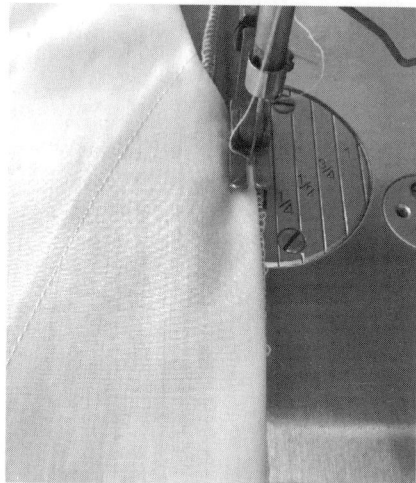

图3-38

### 5. 缝合袋底

拉开裤片，从袋下封口处开始在袋底缉止口0.1~0.5cm（图3-39）。

### 6. 缉下封口

依斜插袋口线与侧缝相交点作袋口线的垂直线封口，来回3~4道（图3-40）。

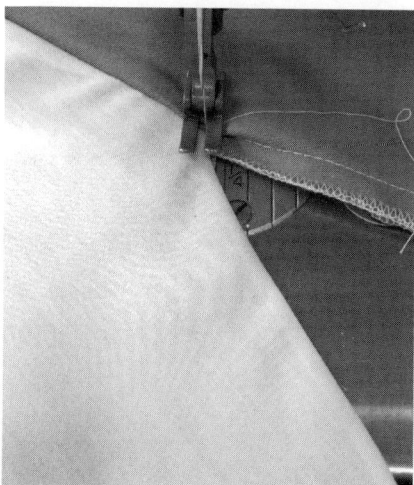

图3-39

图3-40

### 7.烫烫迹线

侧缝缝合后，也可以先把脚口烫净，脚口直接向反面翻烫4cm即可（图3-41）。前片的烫迹线也可以先烫出，方法是将前片的侧缝和下裆缝对齐，找到对称轴，这即是前片的烫迹线，腰部处的烫迹线位和褶裥相连（图3-42）。

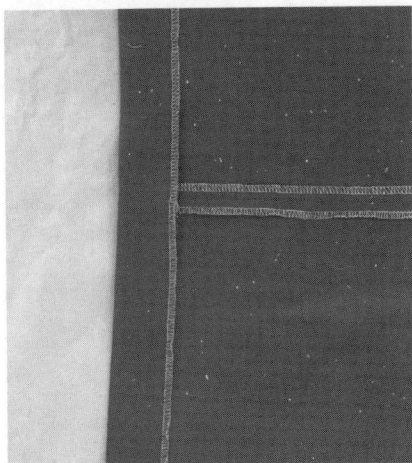

图3-41

图3-42

# 主题四　男西裤装拉链、装腰头及加襻工艺

## 一、做裤襻（串带）

### 1.做裤襻

将裤襻对折，反面朝外，依净线缝合（图3-43）。然后修剪缝份留0.3cm，烫分开缝后翻至正面。做好的裤襻如图3-44所示。

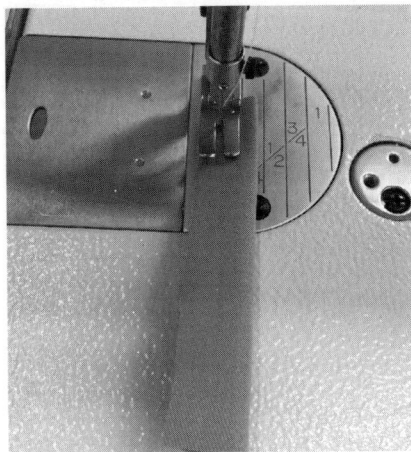

图3-43

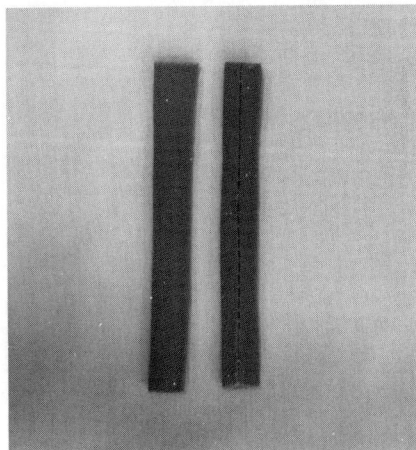

图3-44

### 2.准备材料

在腰面反面烫上黏合衬,并按腰净宽度翻折烫好缝份(图3-45),准备好西裤腰里(图3-46),做好装拉链和装腰头准备。

图3-45

图3-46

## 二、装拉链

### 1.装门襟贴边

将门襟贴边与左裤片正面相对,绗线0.8cm(图3-47),缝份向门襟方向坐倒,压绗0.1cm止口(图3-48)。然后将门襟贴边坐进0.15cm烫平。

图3-47

图3-48

### 2. 缝合前后裆缝

将左右两前片正面相对，从拉链下端铁封口以下0.8cm为小裆封口位，开始向裆底缝合，缉线1cm宽，该线要缝合双道加固（图3-49）。

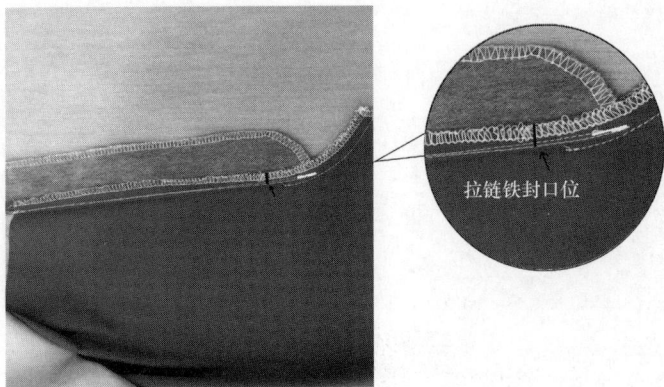

图3-49

### 3. 装里襟拉链

将右边拉链的反面与里襟正面相对，对准拷边线，缉线0.3cm（图3-50、图3-51）。

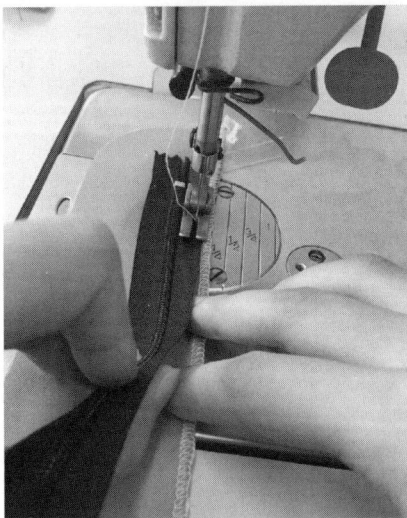

图3-50

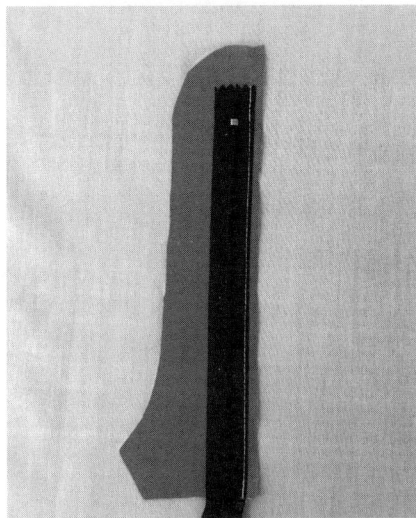

图3-51

### 4. 装里襟

将右裤片前上裆缝正面对准装了拉链的里襟，缉线0.6cm，缉线要盖没前面装里襟拉链的那条固定线（图3-52、图3-53）。

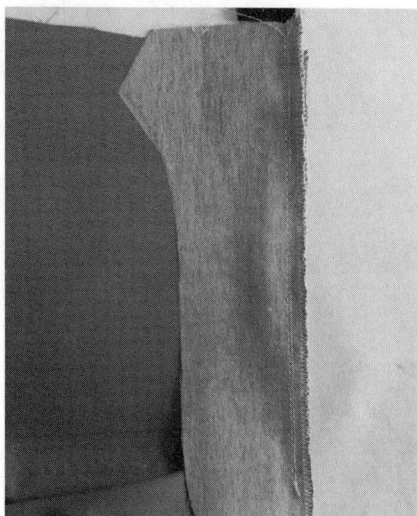

图3-52

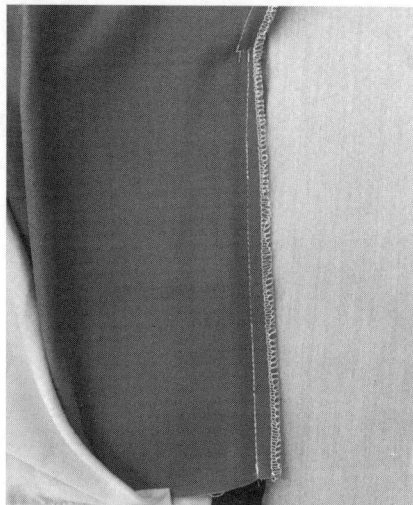

图3-53

### 5.装门襟拉链

将拉链拉合，门襟盖过里襟腰口0.5cm，下封口拉齐，用划粉做好高低进出位置标记，然后将拉链固定在门襟贴边上（图3-54）。

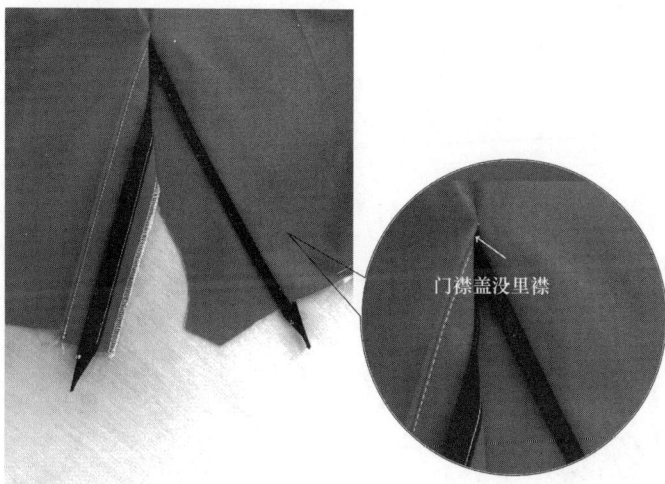

门襟盖没里襟

图3-54

## 三、装腰头面、腰头里

### 1.烫腰头面

将腰面反面烫上黏合衬，然后翻折烫两边缝份，烫成腰净宽度。

### 2.装腰头面

核对腰面与裤片长度，并做好侧缝记号和裤襻记号，将腰面与裤片正面相对，沿腰宽净线缝合，在相应位置放入裤襻（图3-55）。

3. 缝腰头里

放平腰面的另一边缝份，将腰里压在缝份上，离腰宽净线0.1cm，搭缉0.1cm止口（图3-56）。

图3-55

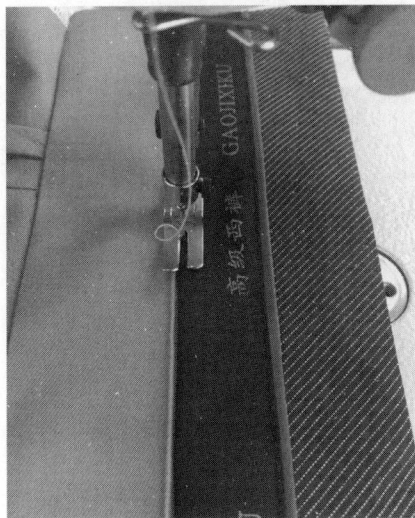

图3-56

## 四、做腰头

1. 做门襟腰头

将门襟处腰里与腰面正面相对，依净缝线缝合后，翻转至正面，注意尖角要翻出（图3-57、图3-58）。

图3-57

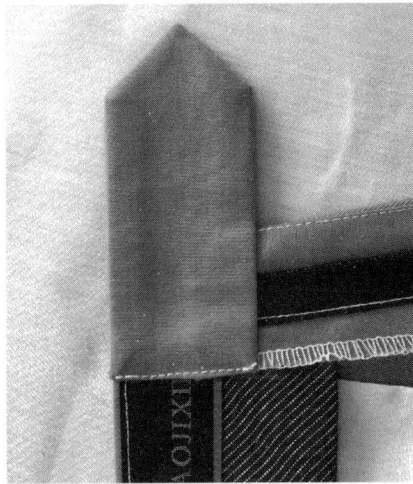

图3-58

## 2. 装里襟里

将里襟面、里正面相对，依净缝线一直缝合至腰部，然后修剪缝份留0.5cm，翻转至正面（图3-59）。

## 3. 缉里襟止口

放平里襟面里，在裤片正面里襟处压缉0.1cm止口（图3-60）。

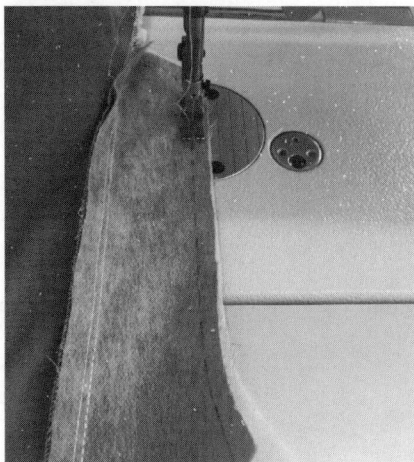

图3-59

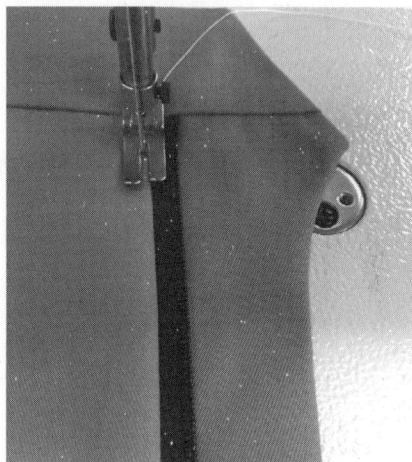

图3-60

# 五、固定裤襻

## 1. 固定裤襻下端

裤襻放正，距装腰线向下1cm缝合固定，来回3~4道（图3-61）。

## 2. 固定裤襻上端

把裤襻向上放平，依腰宽对折缝份，缉线0.1cm（图3-62）。

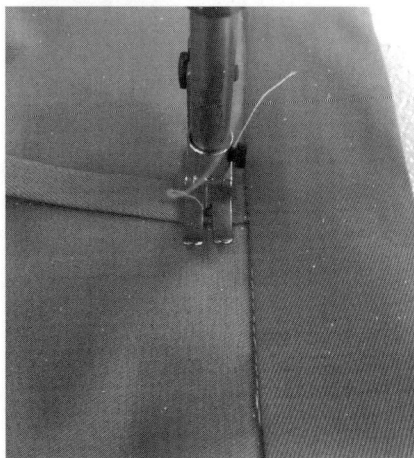

图3-61

图3-62

## 六、缝合后裆缝、下裆缝

（1）后裤片正面相对，放平腰里，从腰头处按净线缝合至裆底，然后烫分开缝。裆缝要缉双线加固（图3-63）。

（2）将前后裤片正面相对，前裤片放上面，从右裤片脚口缝合至左裤片脚口，缉线1cm，中裆以上要双线加固。注意裆底的十字缝一定要对齐（图3-64），然后烫分开缝。

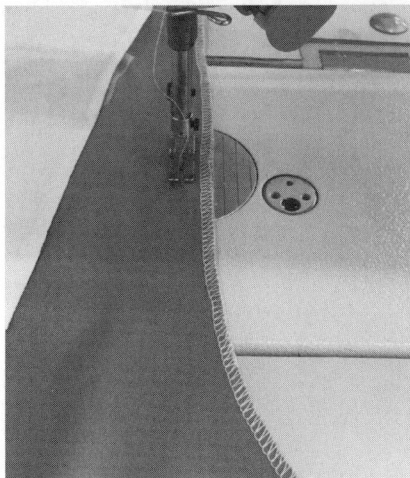

图3-63

图3-64

## 七、压腰头

掀起腰里的最外层面料，分段压腰头。在正面装腰面的缝合缝中压线一道，注意拉紧腰里，防止起皱（图3-65、图3-66）。

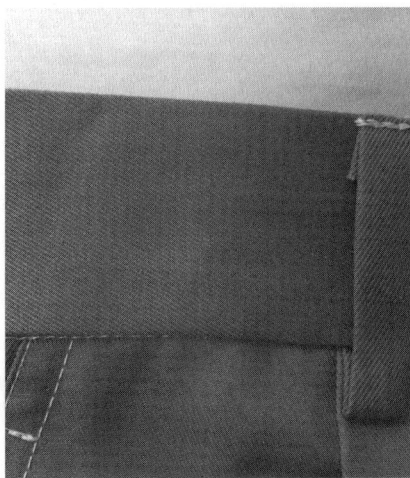

图3-65

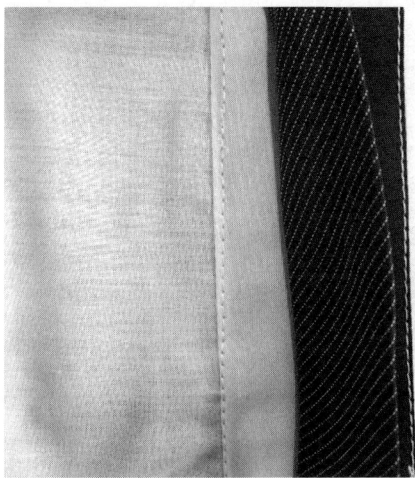

图3-66

## 八、门襟缉线

将里襟拉开，按门襟造型从腰口缉至裆底（图3-67）。然后里襟放平，在小裆处来回缉线4~5道封牢（图3-68）。

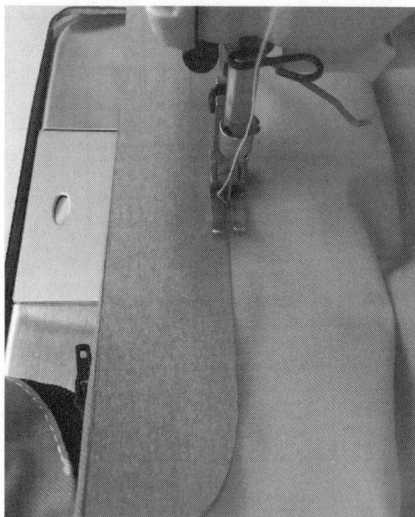

图3-67

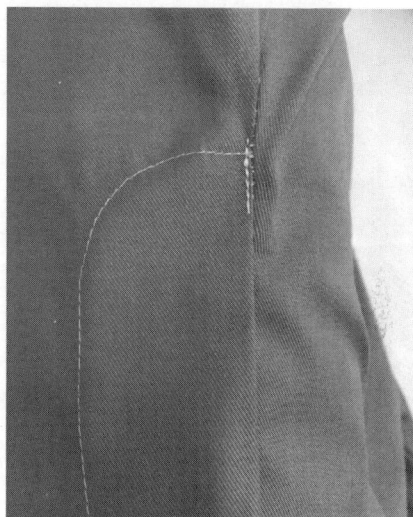

图3-68

## 九、手工

（1）裤腰头未能压线的部位用手针固定。

（2）后袋处锁眼、钉纽。

（3）根据裤长规格，翻烫脚口后，撬三角针固定。

# 主题五　男西裤的整烫工艺

## 一、烫分开缝

在裤反面将所有能分开的作缝烫分开缝，熨烫时要将缝份稍拉紧，熨斗向前向后拉烫，将分开缝烫平、烫煞。

## 二、烫袋布、省缝等

在裤子正反面将省缝、斜插袋、后袋、腰、拉链等烫好，必要时应放在布馒头或铁凳上熨烫。

## 三、烫烫迹线

把下裆缝和侧缝对准放平，拉开一只裤脚，烫下裆缝，然后找出对折线烫煞，这就是烫迹线。前烫迹线上段与前褶裥相连，后烫迹线的臀部位一定要烫出胖势（图3-69）。

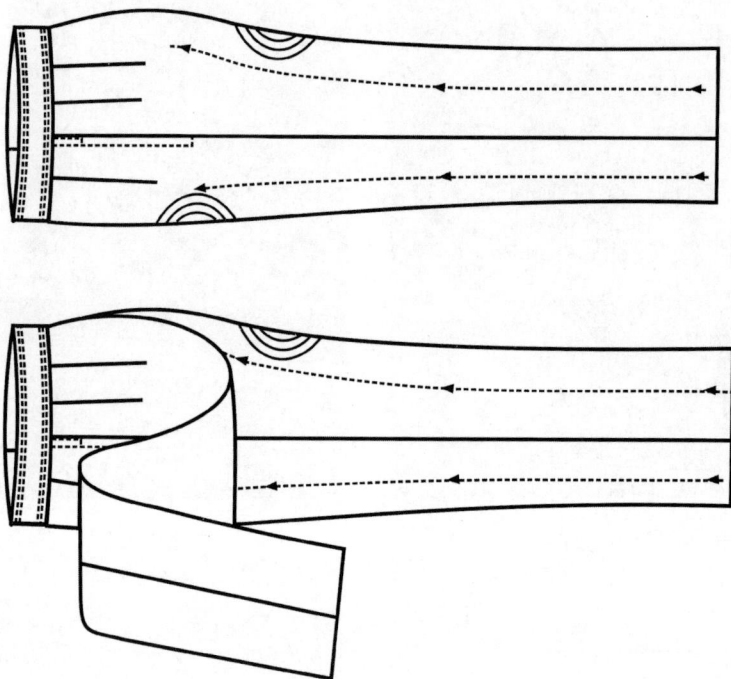

图3-69

## 拓展与练习

1. 简述男西裤的工艺流程。

2. 开双嵌线口袋的操作要领是什么？

3. 怎样做、装斜插袋？

# 项目四　女衬衫的缝制工艺

　　学习女衬衫的制作首先应该了解女衬衫的基本结构，女衬衫的基本结构一般是由前衣片、后衣片、衣袖、衣领等组合而成。随着流行趋势的发展，变化款式较多。款式变化主要表现在衣片、衣袖、衣领等部位。本件女衬衫为基本款女衬衫。平间领，前片开襟，收肩省左右各一个。一片式长袖，开袖衩，装袖头，如图4-1、图4-2所示。

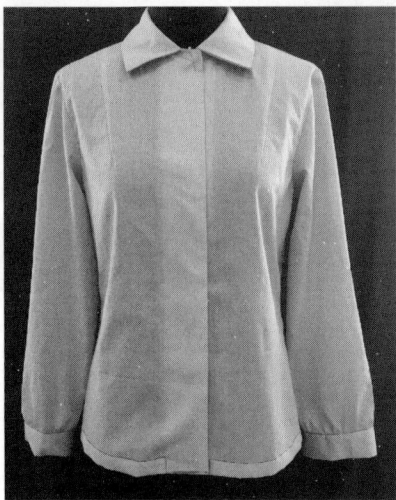
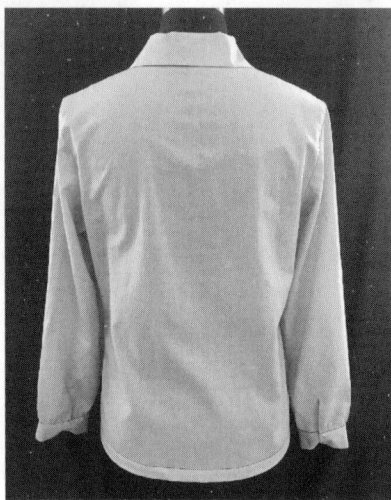

图4-1　　　　　　　　　　　　　　图4-2

## 主题一　女衬衫裁片处理工艺

### 一、女衬衫的用料

#### 1. 面料

幅宽：145cm　　用料：衣长+袖长+5cm

#### 2. 辅料

黏合衬幅宽：90cm　　用料：30cm

### 二、女衬衫的排料图

女衬衫排料图如图4-3所示。

## 三、裁剪注意事项

注意丝缕方向正确，省位、刀眼位和省长打孔位置齐全。

## 四、烫衬

前片门襟×2，袖克夫×2，领面×1。

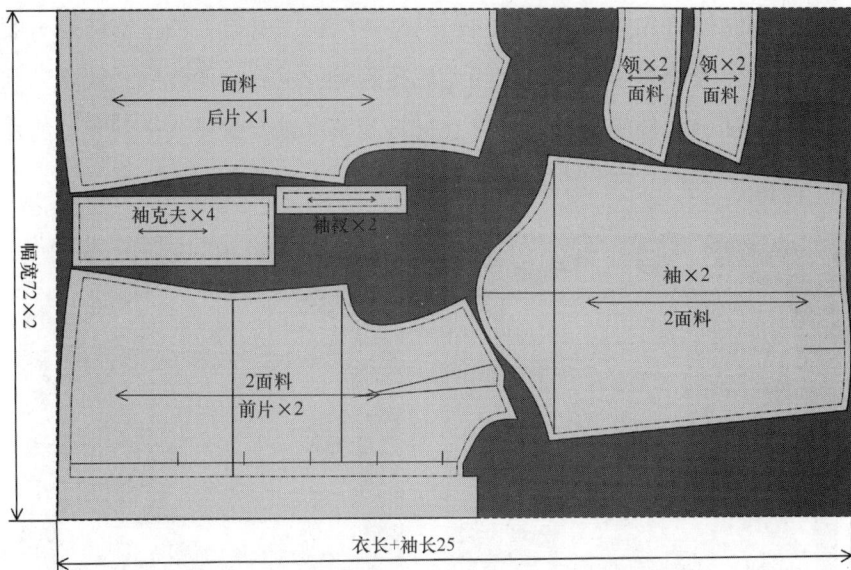

图4-3

# 主题二　女衬衫门襟制作工艺

## 一、折烫门襟

门、里襟挂面折转，止口烫平，如图4-4所示。

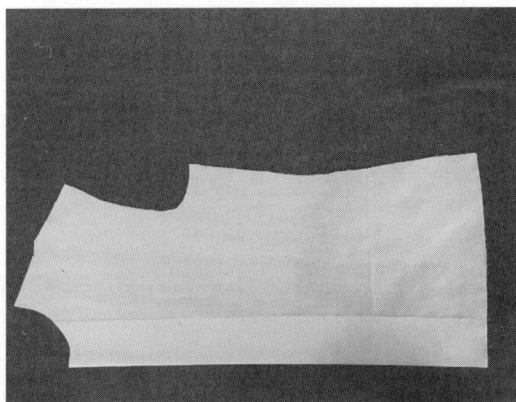

图4-4

## 二、收肩胸省

（1）将衣片反面对折，刀眼对齐。

（2）依款式图要求确定每个省的长度，机针从确定好的省量位置，从省根缉到省尖点，省尖处倒针或打结。注意左右衣片两省长度、省量一致，缉线顺直，省尖要尖（图4-5、图4-6）。

图4-5

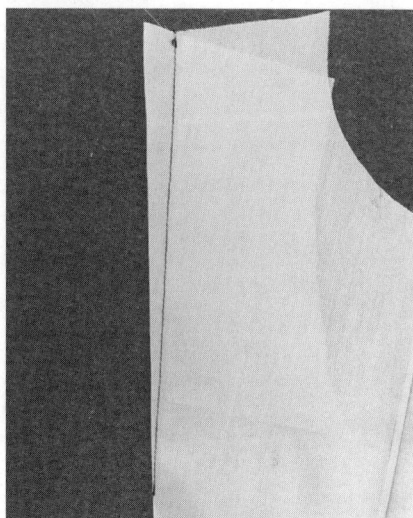

图4-6

（3）烫省：反面朝上，省缝反面向门襟烫倒、烫顺。注意熨烫后省尖平服、无窝势（图4-7、图4-8）。

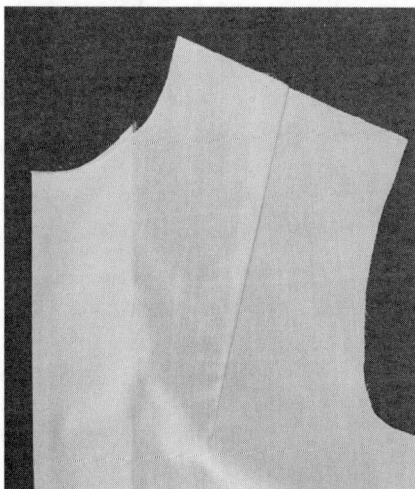

图4-7

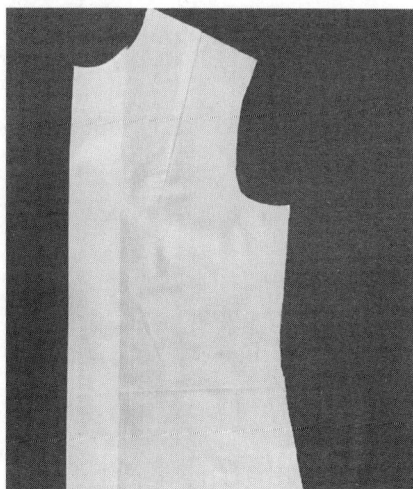

图4-8

### 三、缝合肩缝

（1）后一片肩缝中断要归拢，前后肩头正面相叠，领窝对领窝，袖窿对袖窿。

（2）前片放上面后衣片放下面缉线1cm，然后拷边（图4-9、图4-10）。

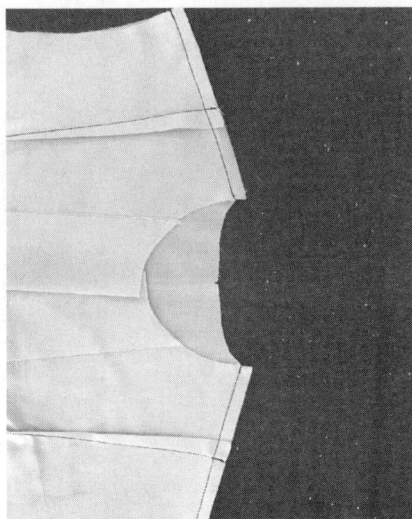

图4-9

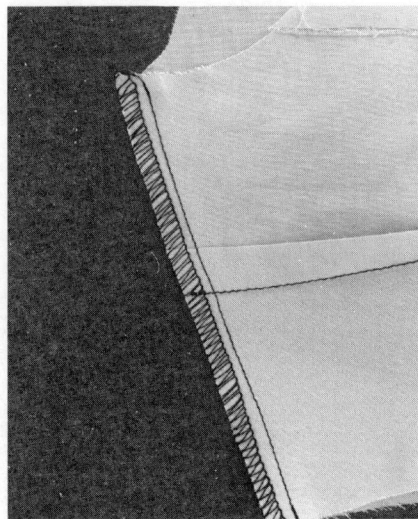

图4-10

（3）将肩膀缝份向后衣片烫倒（图4-11、图4-12）。

图4-11

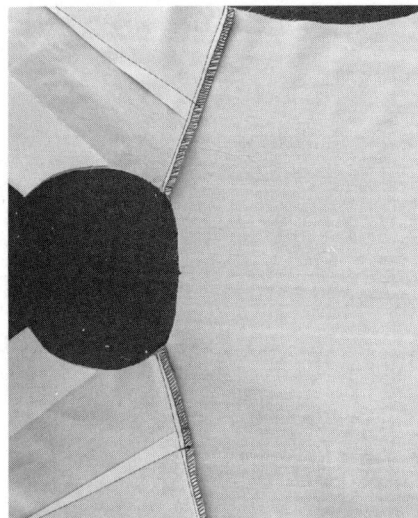

图4-12

# 主题三　女衬衫的袖衩、袖克夫、装袖工艺

## 一、缉袖衩

### 1. 烫袖衩条

将2cm宽的袖衩裁片取出，将袖衩两边缝份都扣转0.6cm。然后对折，衩里比衩面略宽0.05~0.1cm。

### 2. 装袖衩

将袖子开衩口，将袖子衩口夹进袖衩，正面缉压0.1cm止口。后将袖子衩口正面对折，袖衩转弯处向袖衩外口斜下0.8cm缉来回针（图4-13、图4-14）。

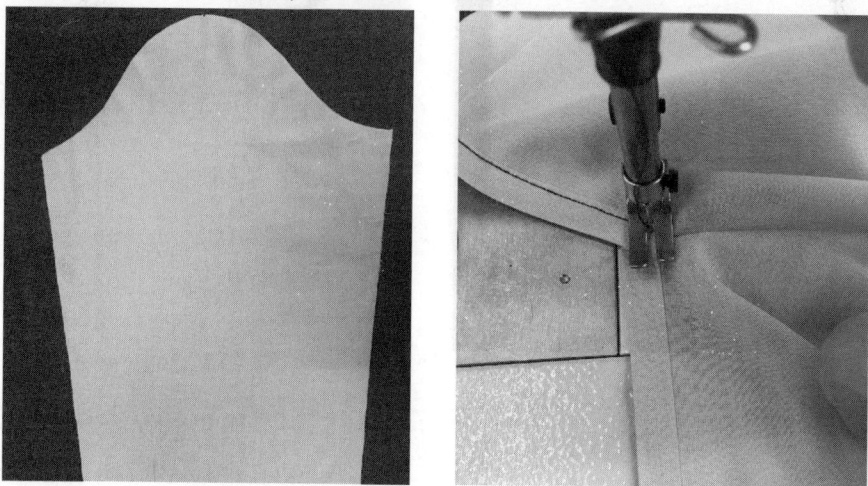

图4-13

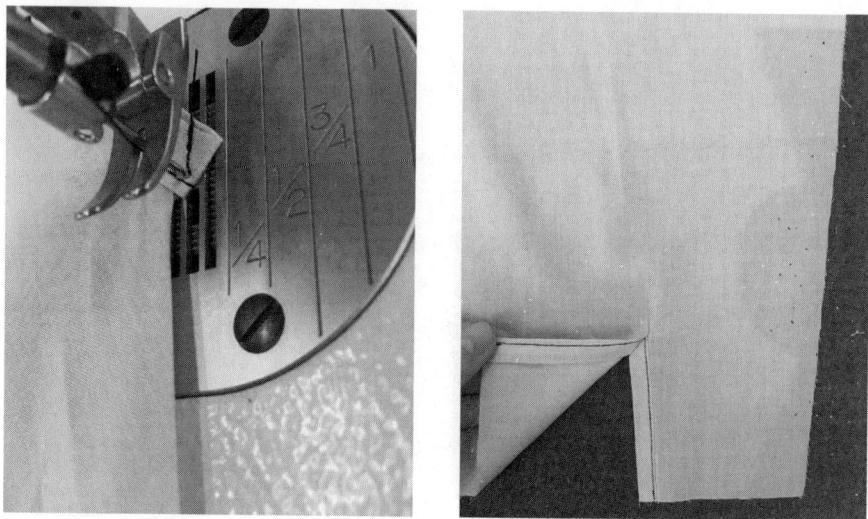

图4-14

## 二、装袖、合侧缝

### 1. 装袖子

（1）沿袖山弧线走一道0.5cm宽的抽褶（图4-15、图4-16）。

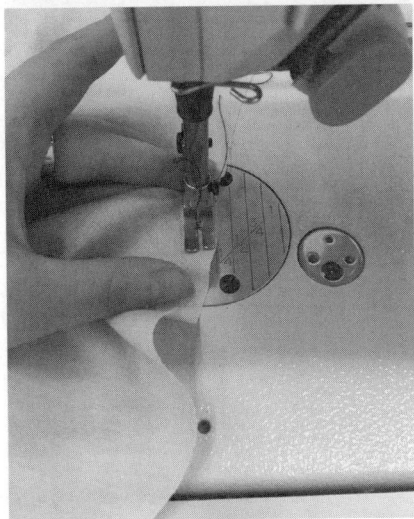

图4-15

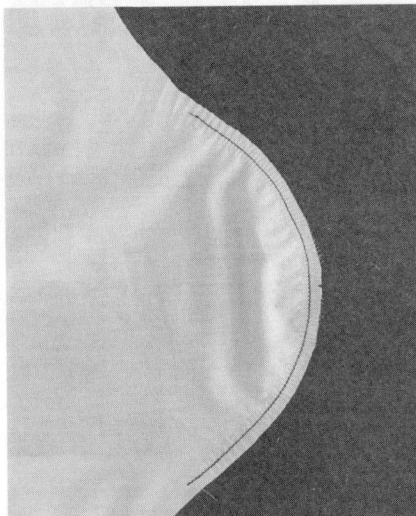

图4-16

（2）袖子放下层，衣身放上层，正面相叠。袖窿与袖子对齐。肩缝和袖山刀眼对齐，缉线1cm，后拷边（正面对正面，袖衩对后片，袖子放下面，肩缝对刀眼），如图4-17所示。

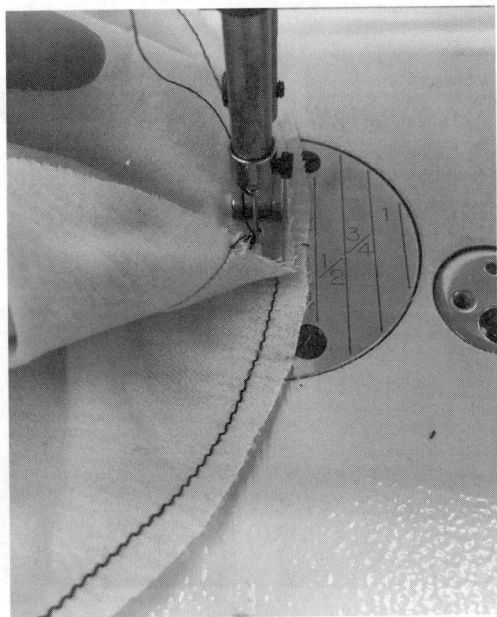

图4-17

## 2. 缝合侧缝

前衣片在上，后衣片在下。袖片对袖片，衣片对衣片。右身从袖口开始缝合，左身从下摆开始缝合，袖底十字缝份对齐，上下松紧一致，然后拷边。侧缝向后片烫倒（图4-18、图4-19）。

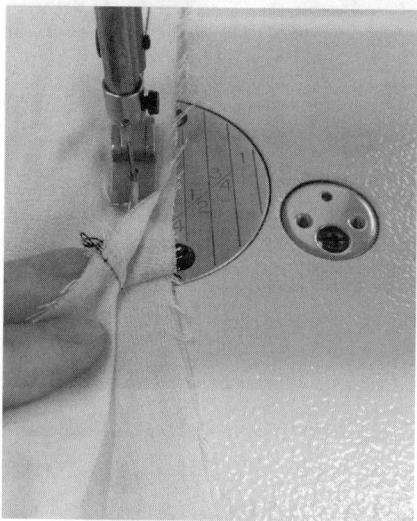

图4-18

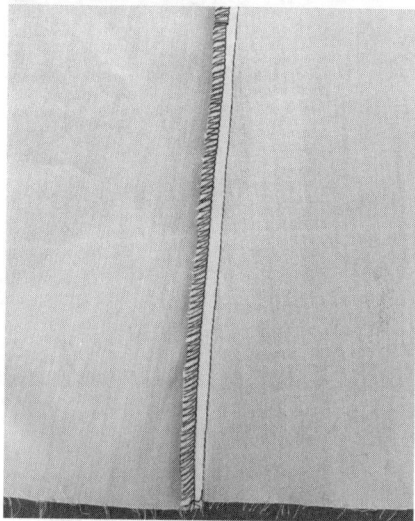

图4-19

# 三、做、装袖克夫

## 1. 做袖克夫

（1）烫袖克夫，将10cm宽的袖克夫裁片一边扣烫1cm，然后对折，袖克夫里比袖克夫面多放出0.05~0.1cm（图4-20、图4-21）。

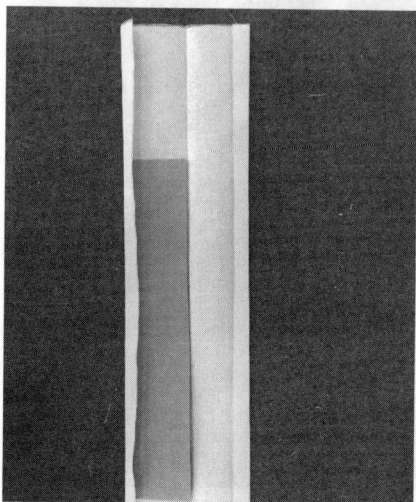

图4-20

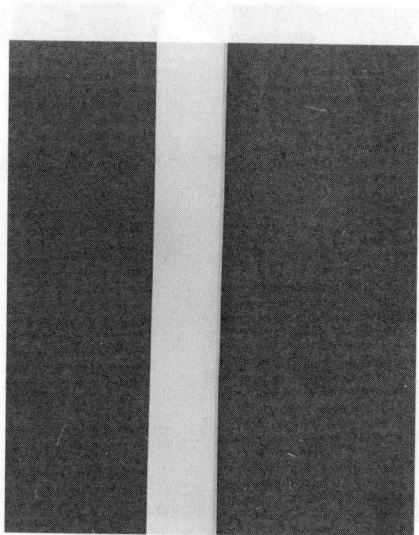

图4-21

（2）将袖克夫正面朝里对折，使袖克夫里的1cm缝份扣住袖克夫，两边分别缉线1cm（图4-22、图4-23）。

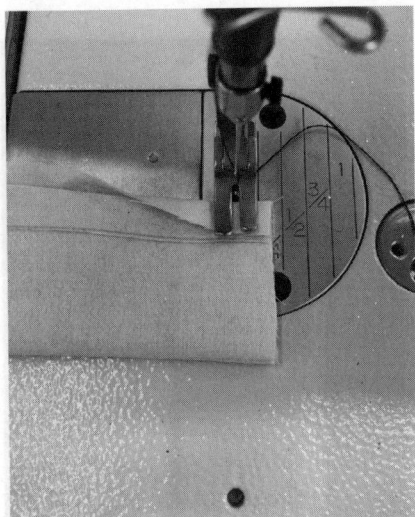

图4-22

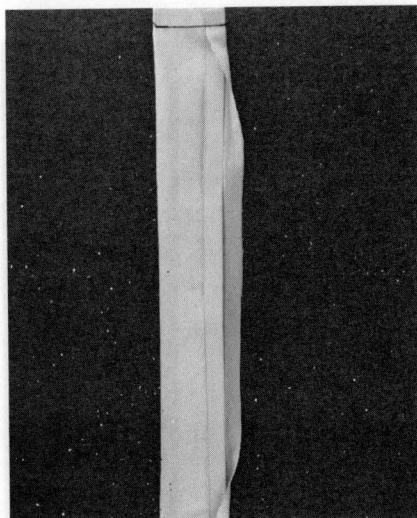

图4-23

（3）袖克夫翻正后烫平。袖克夫里比袖克夫面多0.1cm缝份（图4-24）。

图4-24

## 2.装袖克夫

（1）将衣片袖口处抽细褶，袖衩门襟向里折转。保证衣片袖口大小与袖克夫一致（图4-25、图4-26）。

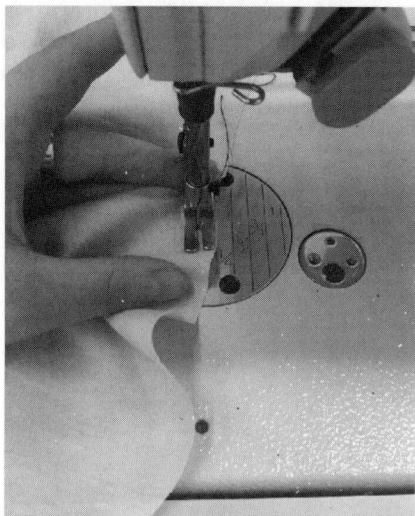

图4-25

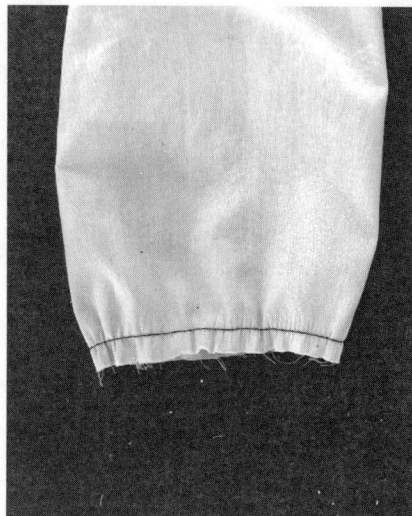

图4-26

（2）在衣片袖口分衩处做好1cm的对位记号。将衣片袖口夹进袖衩1cm，正面压缉0.1cm止口。保证袖头两边夹里不能反吐，袖衩两头塞齐，反面作缝不能超过0.3cm（图4-27、图4-28）。

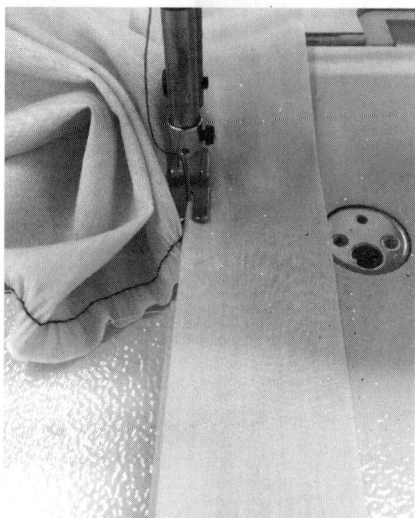

图4-27

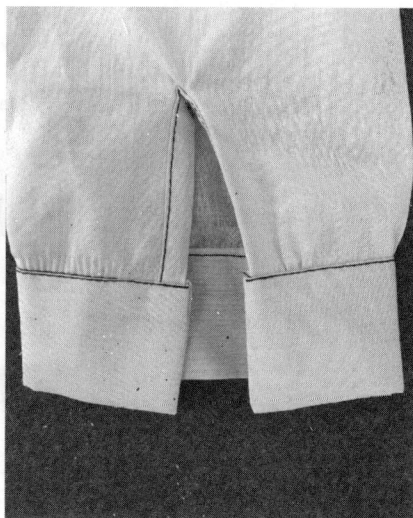

图4-28

## 四、缉底边

（1）挂面向正面折转，沿底边净缝缉一道缝线。缝线不得超出挂面边。将挂面翻出（图4-29、图4-30）。

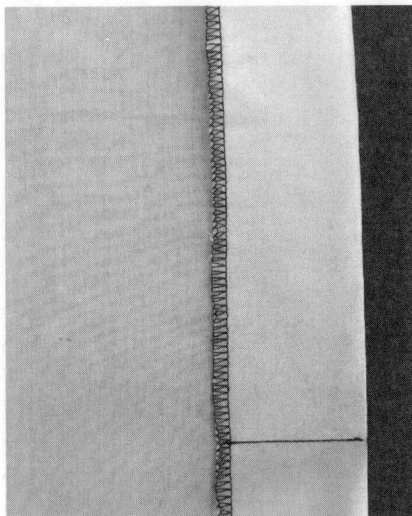

图4-29

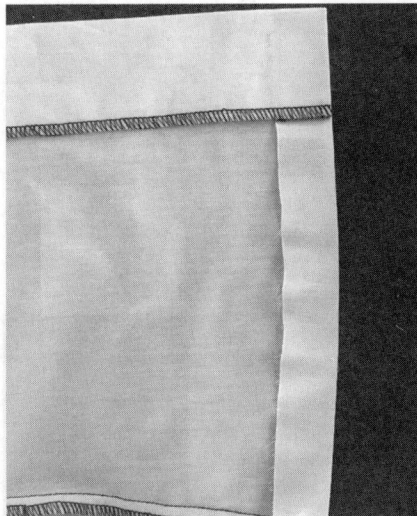

图4-30

（2）折转底边贴边，将毛缝扣转。从挂面底边处开始缉0.1cm的止口线。底边不漏针，不起皱（图4-31、图4-32）。

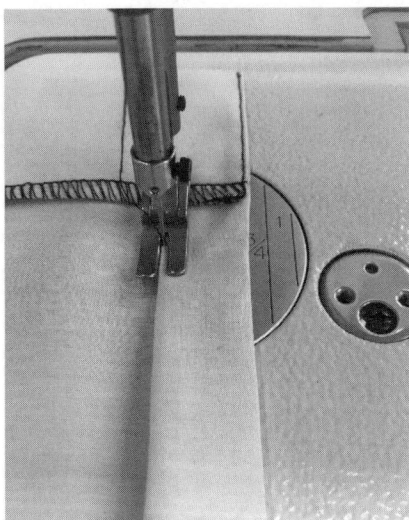

图4-31

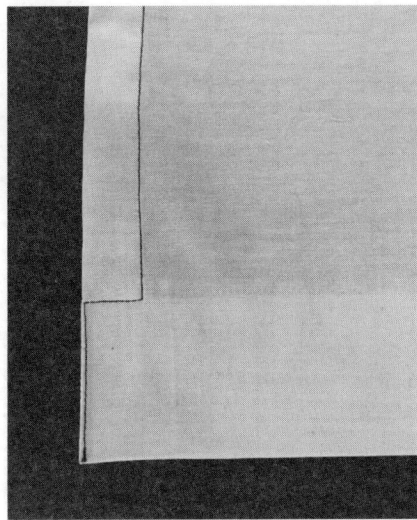

图4-32

## 主题四　女衬衫的做领、装领工艺

### 一、做领

（1）领里左边与领里右正面相叠，在领中缝处按净缝线缉线1cm，并烫分开缝（图

4-33、图4-34）。

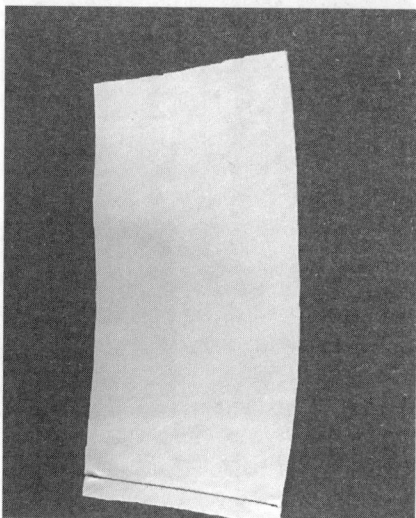

图4-33

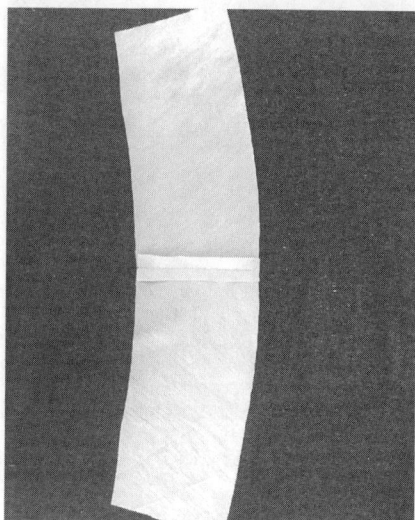

图4-34

（2）将领面反面烫衬，并画上领净缝线。领里和领面正面相叠，按净缝线缉线。手指在领脚处稍带紧，使领角有窝势。当机针落于领角处时，放入缝线，将其中一端放入领面和领里中间，紧靠机针，调转领角走一针。把线的另一端也放入领面和领里中间带紧缝线，继续沿着净缝线缉线（图4-35、图4-36）。

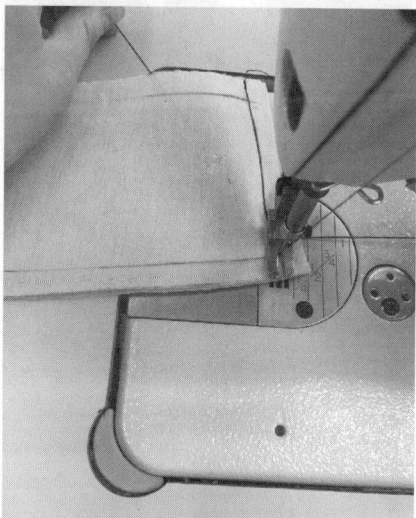

图4-35

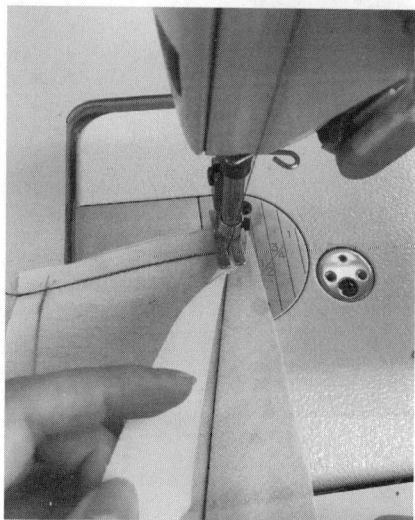

图4-36

（3）将三边缝份剪成0.6cm，领角处缝份应特别修小，修成0.2~0.3cm（为使领角翻尖），将领里缝做倒熨烫（图4-37、图4-38）。

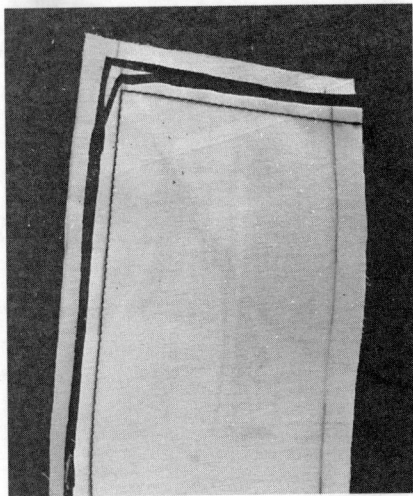
图4-37

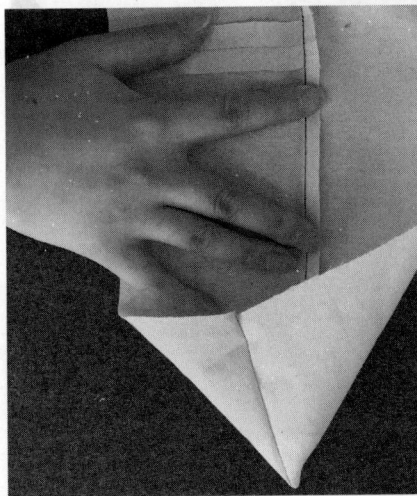
图4-38

（4）用缝线稍用力拉领角，拉出领角，将它拉尖。注意不要太用力，容易拉断线或者拉毛出。熨烫里外匀，领里不可外露，并做好肩缝和领圈的对位记号（图4-39、图4-40）。

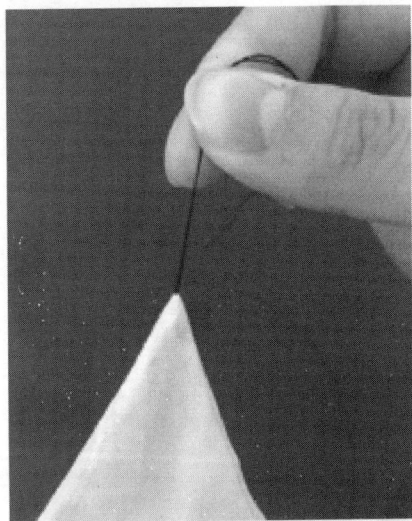
图4-39

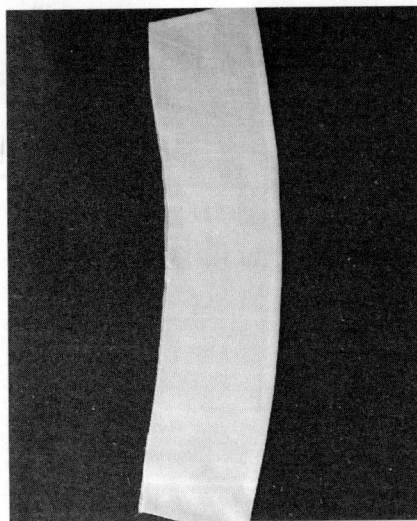
图4-40

## 二、装领

### 1.缂领

将门襟挂面按止口线折转，将叠门刀眼对齐。从做门襟开始缂线0.8cm，缂至距叠门刀眼0.1cm处落针停止。塞入领（领面朝上）。继续缉至距离挂满里口1.5cm处落针，抬起压脚，上下五层剪刀眼，刀眼深度不超过0.8cm，不能剪断线。将挂面和领面翻起，领里和领圈保持平齐，继续向前缉0.8cm的缝线。对好肩缝对位记号和后中对位记号。左右肩缝向后片坐倒（图4-41~图4-44）。

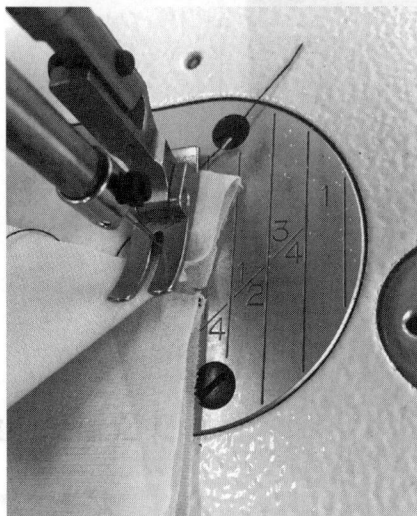

图4-41

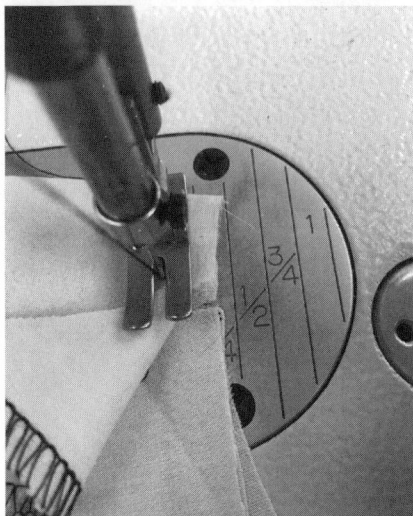

图4-42

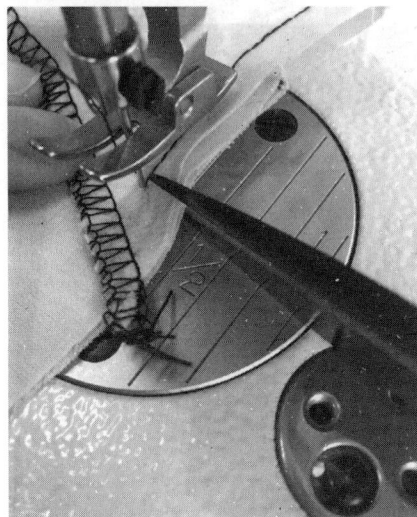

图4-43

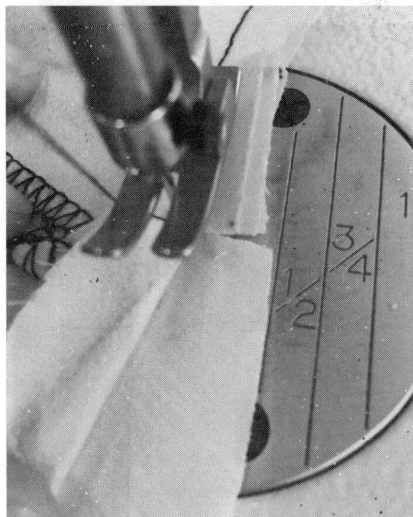

图4-44

## 2. 压领

将挂面翻正叠门翻出，领面下口扣转0.8cm。扣好后在领面上缉一道0.1cm的缉线。注意反面不能缉在领面上，反面缉线距离领0.1~0.15cm。肩缝和中心线不能偏离，领子平服不起皱（图4-45~图4-48）。

图4-45

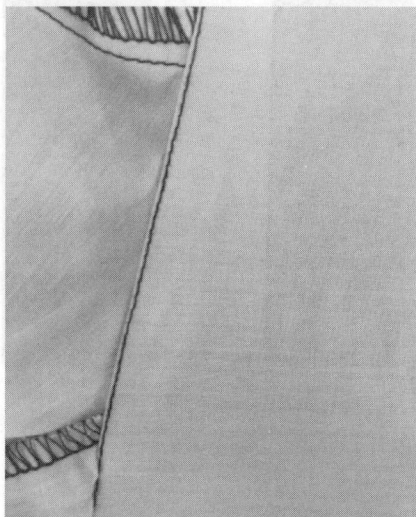

图4-46

图4-47

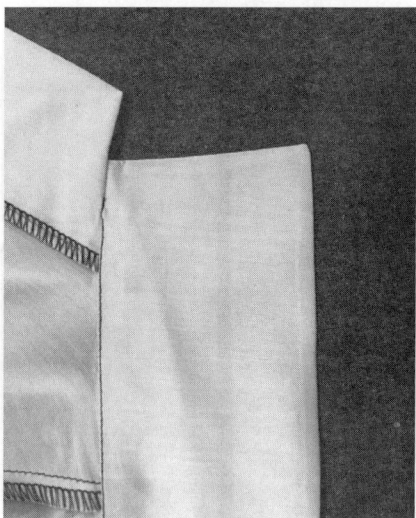

图4-48

# 三、锁眼、钉纽扣

### 1. 锁眼

（1）扣眼高低第一个为直开领向下1.5cm。

（2）门襟锁横扣眼5个，进出在搭门线向门襟止口偏0.1cm，钉好下面的扣眼位置，然后等分其他扣眼位置。

（3）袖头门襟一边锁扣眼头一个，进出距离袖头门襟边1cm，高低居袖头宽的中间。

（4）扣眼大均为1cm的平头扣眼。根据纽扣大小而定，扣眼大为纽扣大加0.3cm。

**2. 钉纽扣**

（1）钉纽位置的高低、进出应和扣眼位置相对应。

（2）袖头里襟部位一边钉纽扣一粒，钉纽扣时，纽扣边距离袖口边1cm，纽扣位于袖头宽的中间。

# 主题五　女衬衫的整烫工艺

## 一、烫门里襟、挂面

烫门襟、里襟、挂面时，遇到扣眼只能在扣眼旁边熨烫，不能把熨斗放在扣眼上熨烫。服装上的纽扣在高温熨斗的接触下容易烫坏。

## 二、烫袖

先烫袖口，袖口有褶裥，要将褶裥理齐压烫，有细褶要将细褶理均匀，注意不能压烫，可熏烫。然后烫袖子底缝。烫袖底缝的时候用袖子拉住袖头边，用熨斗横推熨烫。

## 三、烫领

先烫领里，再烫领面。后将衣领翻折好烫成圆弧状。

**1. 烫后衣身**

领子放左边，下摆朝右手边，放平与烫台，熨烫后背和反面褶裥。

**2. 烫前衣身**

将衣片放平，纽扣扣好，放平，烫平、左、右衣片。

## 拓展与练习

1.女衬衫收省有什么要求？

2.怎么抽裥掌握袖山吃势？

3.女衬衫收省有什么要求？

4.怎么装好女衬衫的袖子？

5.试对衬衫款式进行工艺流程的编写。

6.设计一款男衬衫，为新的款式编写工艺方案。

# 项目五 男衬衫的缝制工艺

学习男衬衫的制作首先应该了解男衬衫的基本结构，男衬衫的基本结构一般是由前衣片、后育克，后衣片、衣袖、衣领等组合而成。男衬衫起源于欧洲，面料一般以纯棉、真丝等天然质地为主，讲究剪裁合体贴身，领及袖口均以衬布以保持挺括。用于礼服的衬衫一般选用白色。日常正装衬衫也以浅色居多。本件男衬衫为商务基本款男衬衫。尖角立翻领，前身开襟，钉纽六粒，左前胸胸袋一个，后片装育克，直摆缝，平下摆，一片式长袖，袖口开衩，收褶裥两个，装袖克夫，袖克夫钉纽扣，各一粒（图5-1、图5-2）。

图5-1

图5-2

由于男衬衫为服装设计定制工考科目之一，附质量检验表以供参考，见下表。

**质量检验表**

| 序号 | 质量要求 | 检查结果 |
|------|----------|----------|
| 1 | 衣长公差0.5cm | |
| 2 | 领大公差0.6cm | |
| 3 | 胸围公差1.5cm | |

续表

| 序号 | 质量要求 | 检查结果 |
|---|---|---|
| 4 | 肩宽公差0.6cm | |
| 5 | 袖长公差0.5cm | |
| 6 | 领面平服，不起泡 | |
| 7 | 左右领角对称，有窝势 | |
| 8 | 翻领止口不反吐，无链形，止口明线0.3 cm | |
| 9 | 下领里襟一头比门襟一头短0.3 cm | |
| 10 | 上领吃势均匀，中间眼刀必须对正，左右肩缝对称，不大于0.4 cm，领圈中途不拉还或抽拢 | |
| 11 | 翻缉领脚，接线顺直，里领圆头处缉线0.15 cm，下口缉明线0.1 cm，下口盖没缉缝线，缉线不可缉住夹里，翻好的领脚要平服美观 | |
| 12 | 门襟宽窄正确，公差0.2cm | |
| 13 | 门里襟按规格，一律光边扣转，长短一致，公差0.2 cm（门襟不短于里襟） | |
| 14 | 胸袋位置正确，服帖，不起皱，褶裥宽2 cm，袋口缉线宽1cm，袋口边缝不可虚空，袋盖服帖不起翘 | |
| 15 | 装袋高低和进出须盖没钻眼，位置端正，不歪斜，止口0.1cm，袋盖止口0.3cm，起落来回针，缉线平齐 | |
| 16 | 装覆势，褶裥平顺 | |
| 17 | 肩缝顺直，不拉还，明压肩缝，止口0.1cm，其覆势面须盖住肩缝缉线，不可缉牢夹里 | |
| 18 | 装袖前后松紧一致，左右对称 | |
| | 装袖开衩，长宽符合要求，长度公差0.3cm，宽度公差0.2cm | |
| 19 | 左右袖衩一致，封线牢固美观 | |
| 20 | 摆缝松紧一致，袖底"十"字对齐，"十"字互差不超过0.3cm | |
| 21 | 袖克夫长宽符合要求，长度公差0.3cm，宽度公差0.2cm | |
| 22 | 左右袖克夫对称一致，美观、方正，夹里没层势 | |
| 23 | 衣身卷底边宽窄一致，反缉止口0.1cm，两端平齐不起皱 | |
| 24 | 明线针缉密度符合规定，3cm不少于12针，拷边缝宽窄一致 | |
| 25 | 眼位准确，插针均匀，不少于11针/cm，钉纽扣6根线/眼 | |
| 26 | 整烫平整，无烫黄，无极光，无污迹，无线脚 | |
| 27 | 折叠尺寸符合标准 | |
| 28 | 明显烫黄、剪破扣15%~20% | |

# 主题一　男衬衫的裁片处理工艺

## 一、男衬衫的用料

### 1.面料

幅宽：145cm　用料：衣长+袖长+领长+5cm

### 2.辅料

黏合衬幅宽：90cm　用料：30cm

## 二、男衬衫的排料图

男衬衫的排料图如图5-3所示。

## 三、裁剪注意事项

注意丝缕方向正确，省位、刀眼位和省长打孔位置齐全。

## 四、烫衬

上领×1，下领×1，门襟×2，大袖衩×2，袖克夫×2。

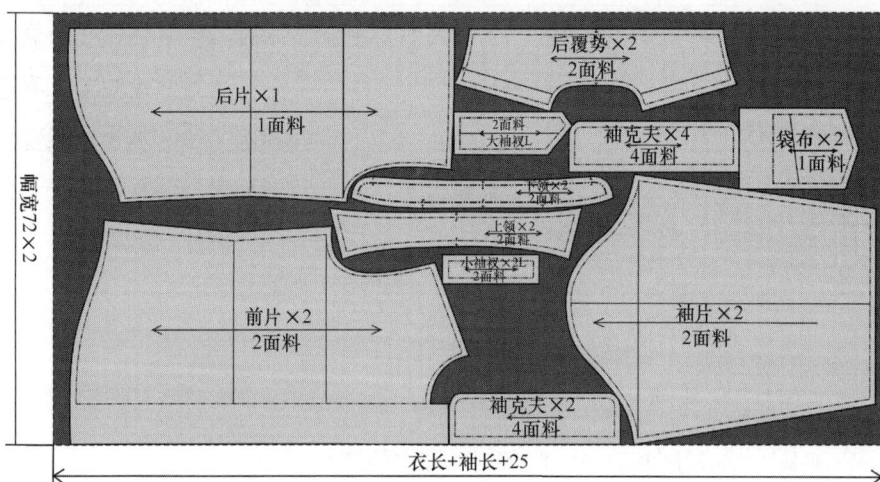

图5-3

# 主题二　男衬衫的贴袋缝制工艺

## 一、做胸贴袋

袋口贴边毛宽6cm两折后净宽3cm，袋口贴边缉线，其余三边均扣光毛缝0.6cm，可多放缝份以方便熨烫，熨烫后修剪为0.6cm（见零部件缝制）。

## 二、装胸贴袋

装袋位置和缝制标记位置一致，口袋边平行于门襟边，放端正不歪斜。条纹条格面料要对条对格。封袋口为三角形，左右封口大小一致。装胸袋时，左手按住袋布，右手把大身拉紧防止衣身起皱、袋口起皱（图5-4、图5-5）。

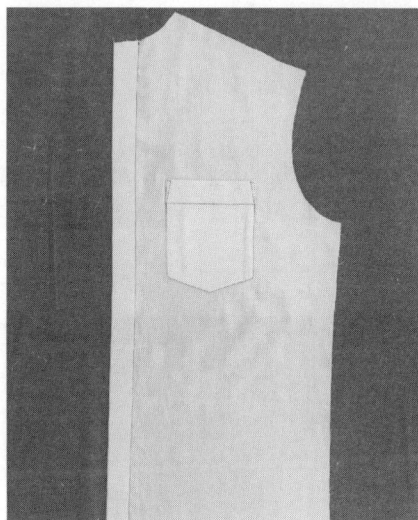 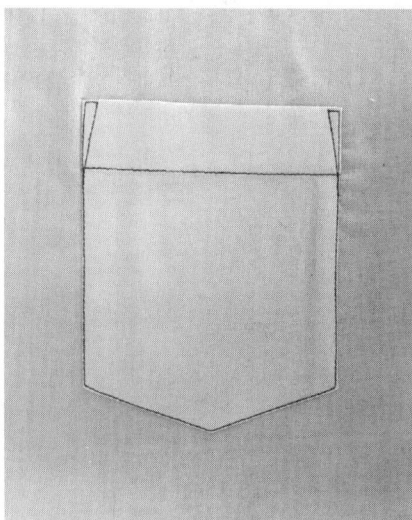

图5-4　　　　　　　　　　　　　　图5-5

# 主题三　男衬衫的门襟制作工艺

## 一、烫门里襟、挂面

门里襟宽窄按标记向反面折转，从上往下烫平，男衬衫因排料原因，所以上门襟略宽，下门襟略窄，左门襟净宽3.3cm，右门襟净宽3cm（图5-6、图5-7）。

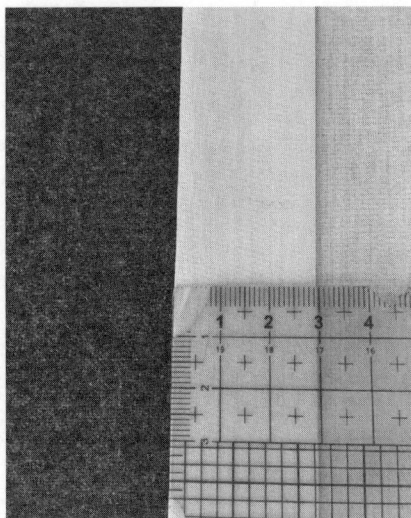

图5-6

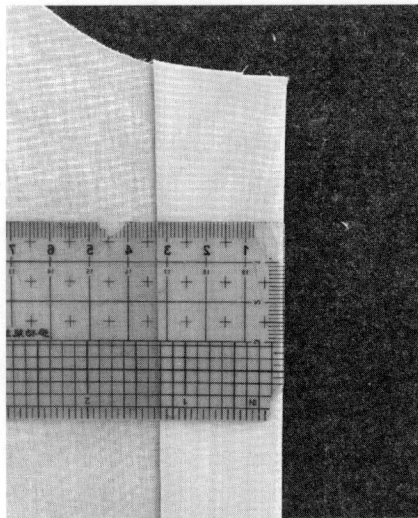

图5-7

## 二、门里襟缉线

门里襟缉线止口0.1cm，左手按住门襟，右手稍稍将大身带紧一些，防止大身起皱，门襟起扭（图5-8、图5-9）。

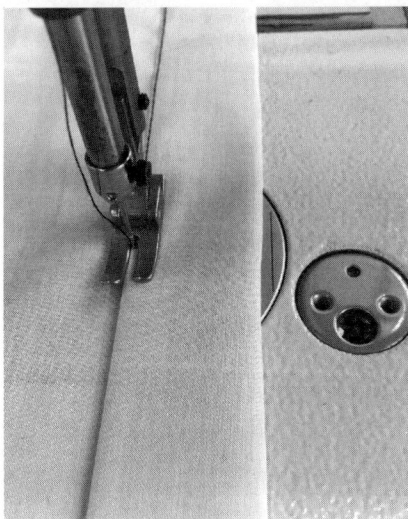

图5-8

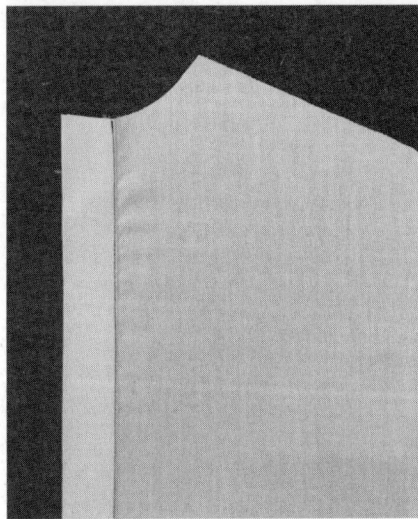

图5-9

# 主题四　男衬衫的覆肩缝制工艺

## 一、覆势的缝制

### 1. 装覆势

覆势里正面向上放最下层，后衣片正面向上放中间一层，覆势面反面朝上放最上层，三层平齐，三层缉线1cm。后背中心刀眼对齐（图5-10、图5-11）。

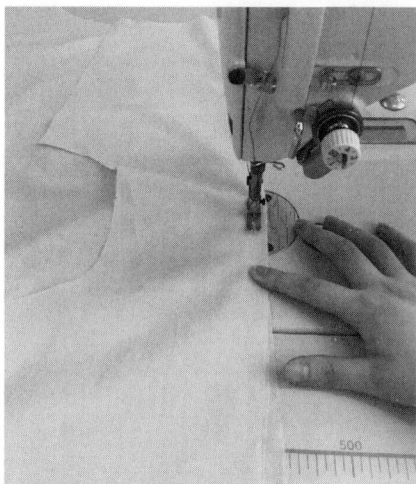

图5-10

图5-11

### 2. 做覆势

缝份向覆势面烫倒，在覆势面上切线0.1~0.15cm，缉线顺直（图5-12、图5-13）。

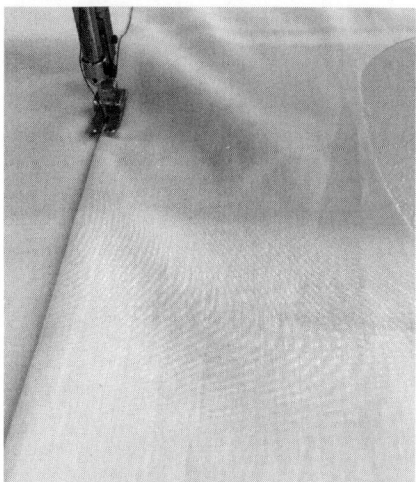

图5-12

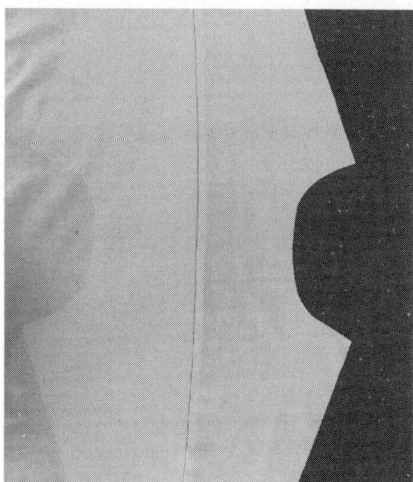

图5-13

### 3. 烫覆势

将覆势面翻正，烫平。再将覆势里翻正，烫平。按覆势面修剪领圈。做好领圈的中心标记（图5-14、图5-15）。

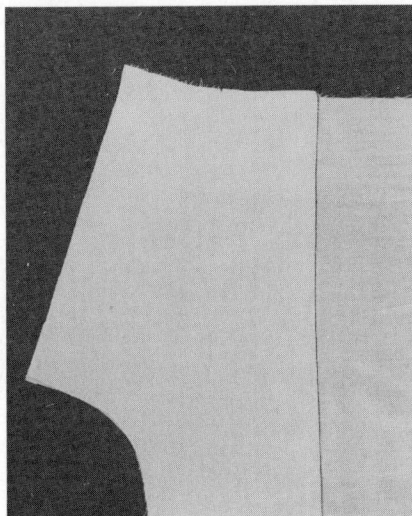

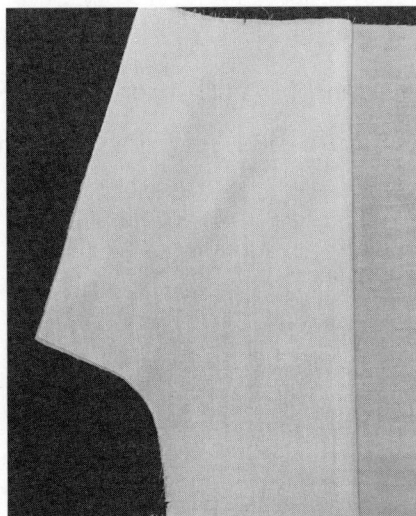

图5-14　　　　　　　　　　　　　　　　图5-15

## 二、拼接合肩缝

（1）将前衣片的反面覆上后衣片的反面领圈对领圈，肩缝对肩缝放好，拼合覆势里的肩缝和前衣片的肩缝。拼合时衣片朝上，缉线1cm。完成后缝份向覆势烫倒（图5-16、图5-17）。

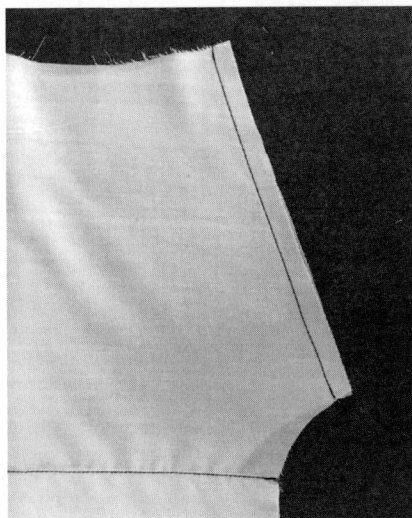

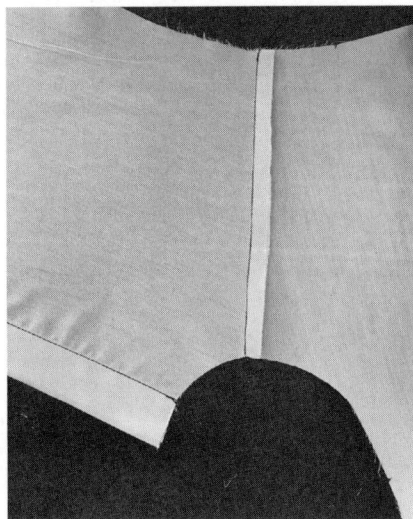

图5-16　　　　　　　　　　　　　　　　图5-17

（2）将覆势面肩缝处的缝份向里扣烫1cm，覆势面盖过覆势里缉线，领口平齐，压缉明止口线0.1cm。过肩面，里应平服（图5-18、图5-19）。

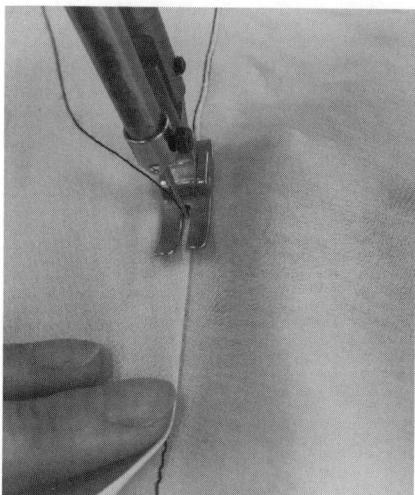

图5-18

图5-19

## 主题五　男衬衫的袖衩、袖克夫、装袖工艺

# 一、烫袖衩

### 1. 烫小袖衩

将4.2cm宽的小袖衩裁片取出，小袖衩两边缝份分别口烫0.6cm，然后对折熨烫，袖衩里比袖衩面多放出0.05~0.1cm（图5-20、图5-21）。

图5-20

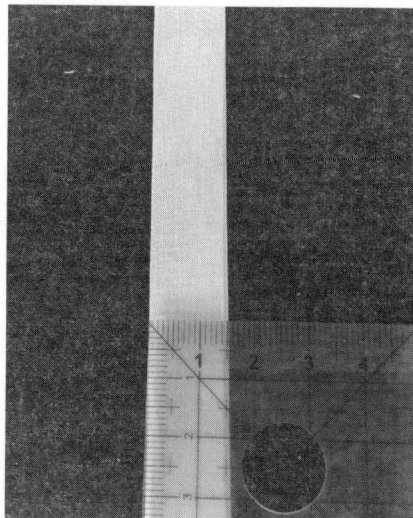

图5-21

### 2. 烫大袖衩

将大袖衩按袖衩样板要求烫好，然后烫对折，和小袖衩一样，大袖衩里也比大袖衩面多放出0.05~0.1cm（图5-22、图5-23）。

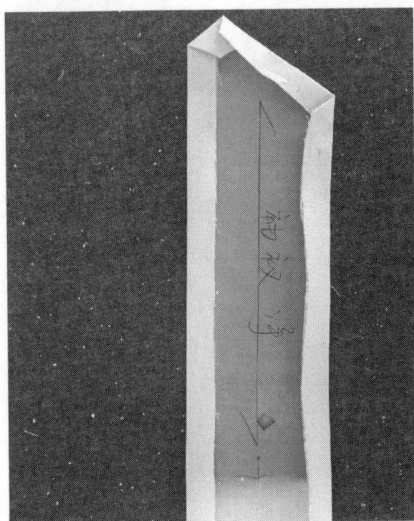

图5-22

图5-23

## 二、装袖衩

### 1. 装小袖衩

（1）在袖片上，按对位记号找出袖衩开口。并用铅笔轻轻画出开口位置。剪开口处三角时应按袖衩里襟宽度剪三角（图5-24、图5-25）。

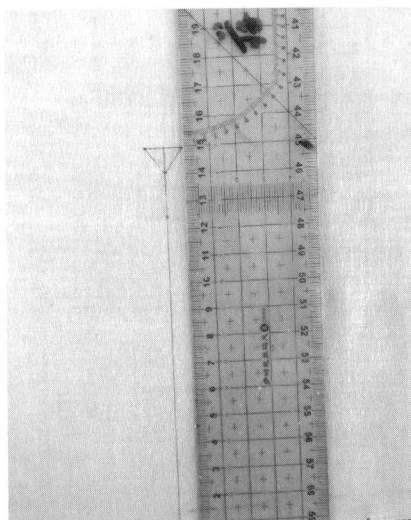

图5-24

图5-25

（2）将袖片正面朝上，里襟开口朝小袖片，夹入0.7cm的缝份，正面缉线0.1cm，缉至剪口末端截止。反面止口不超过0.2cm（图5-26、图5-27）。

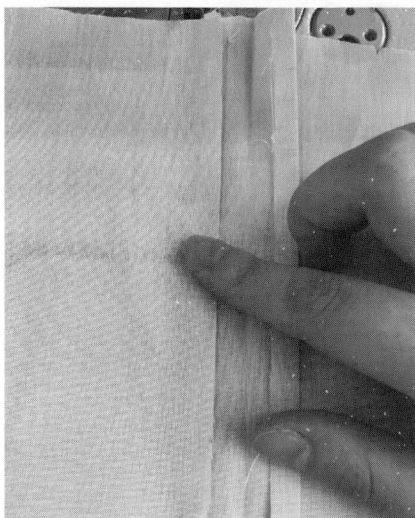

图5-26

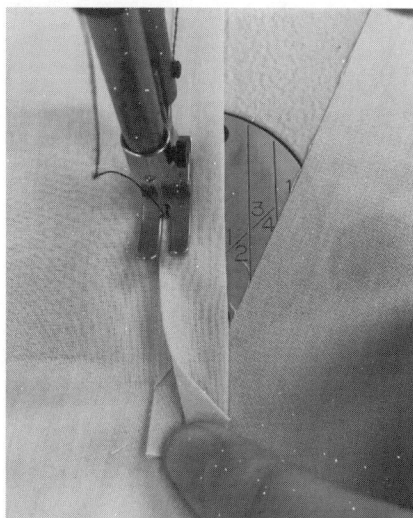

图5-27

（3）袖片剪三角以下部分向袖子反面翻上，袖衩里和袖衩放平封口（图5-28）。

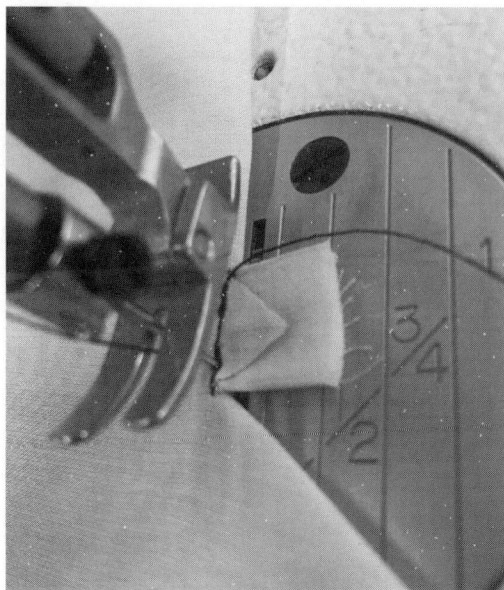

图5-28

2. 装大袖衩

（1）将袖片正面朝上，里襟开口朝大袖片，底边处夹入1cm的缝份，上口夹入时和三角缺口顶齐，不能留洞和毛头。大袖衩正对小袖衩中间放齐（图5-29、图5-30）。

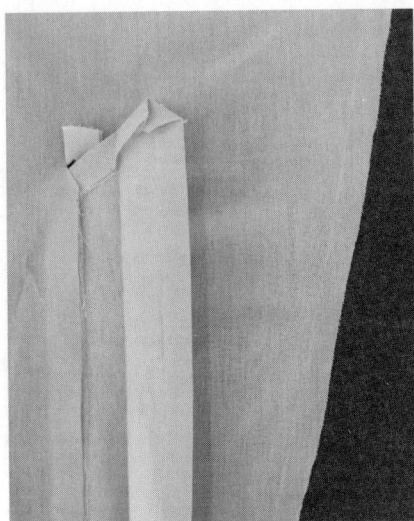

图5-29

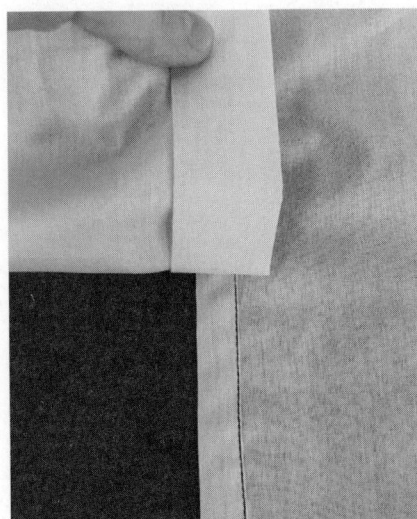

图5-30

　（2）在袖片的正面夹缉门襟袖衩。压缉0.1cm的止口。并兜缉宝剑头。门襟封口位于宝剑头最高点往下3.7cm处或离里襟三角封口0.4cm左右的位置。这样可以避免袖衩受力毛出。左右袖衩应做对称（图5-31、图5-32）。

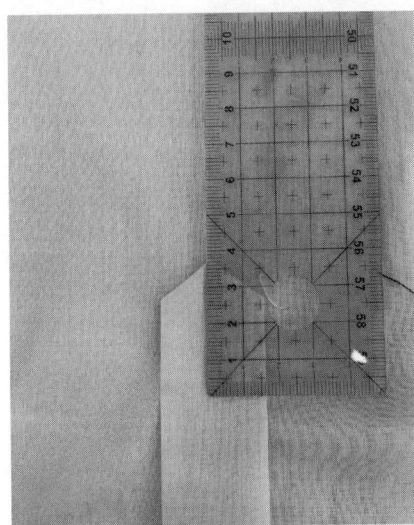

图5-31

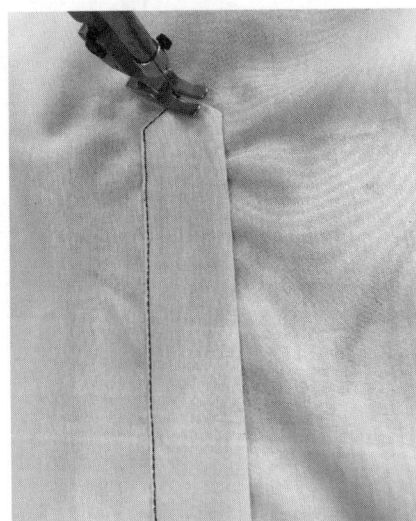

图5-32

　（3）熨烫袖衩，并检查袖衩反面有无漏缉处（图5-33、图5-34）。

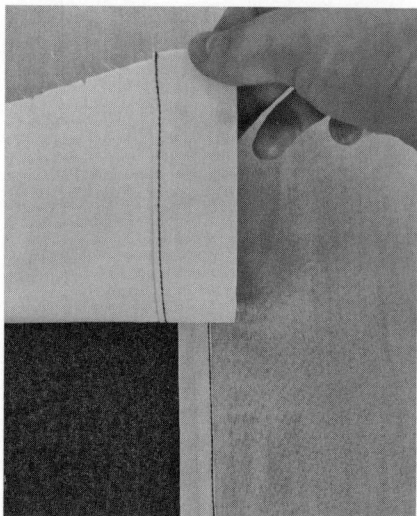

图5-33

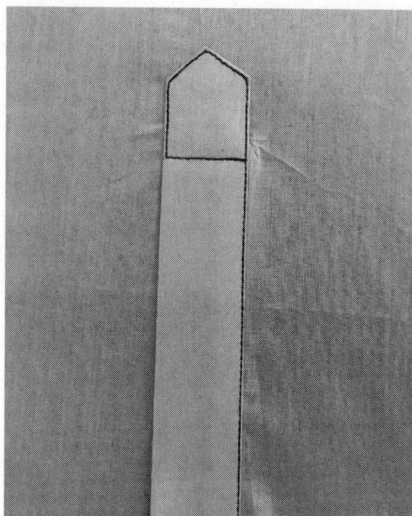

图5-34

## 三、装袖、合侧缝

### 1. 装袖

（1）沿袖山弧线走一道0.5cm宽的抽褶（图5-35、图5-36）。

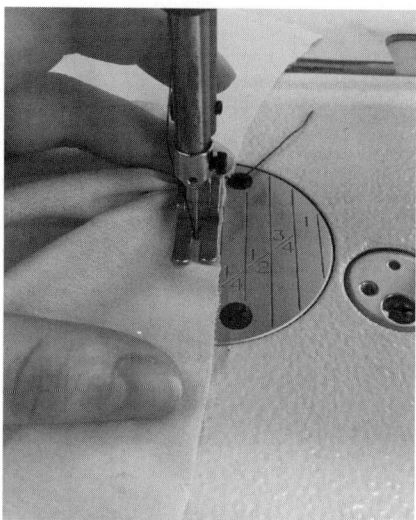

图5-35

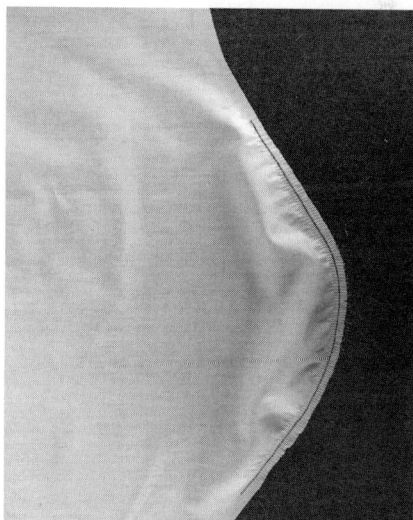

图5-36

（2）袖子放下层，衣身放上层，正面相叠。袖窿比袖子略多出0.7cm。肩缝和袖山刀眼对齐。做包缝，绲线0.1cm（正面对正面，袖衩对后片，袖子放下面，肩缝对刀眼，袖片包衣片）。翻转至正面缝份向衣片坐倒，正面绲线0.5cm（图5-37、图5-38）。

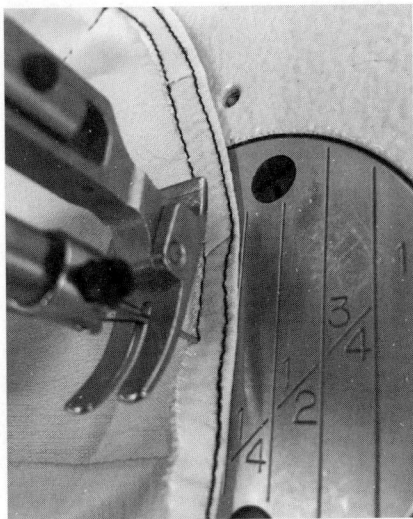

图5-37

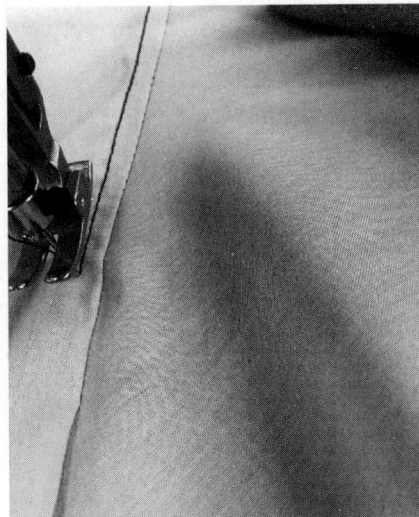

图5-38

**2. 合侧缝**

（1）衣片反面对反面，正面朝上，前衣片在上，后衣片在下。袖片对袖片，衣片对衣片。右身从袖口开始缝合，左身从下摆开始缝合，袖底十字缝份对齐，上下松紧一致，缝0.5cm。修剪为0.3cm（图5-39、图5-40）。

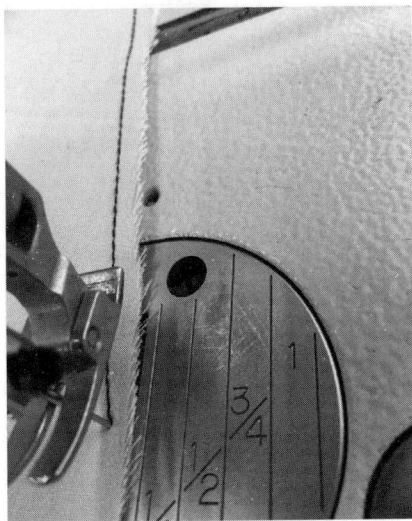

图5-39

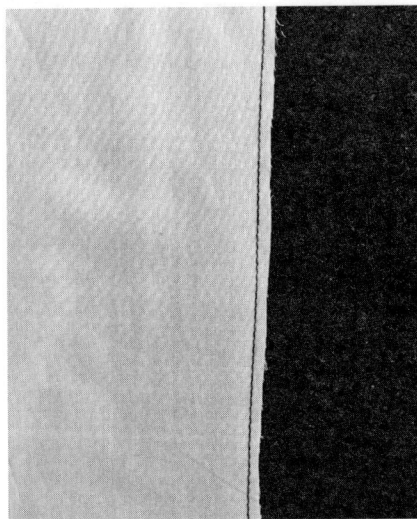

图5-40

（2）衣片正面相叠，缝缉0.6cm。前衣片朝上，止口不倒吐，十字缝对齐。完成后缝份向后中烫倒（图5-41、图5-42）。

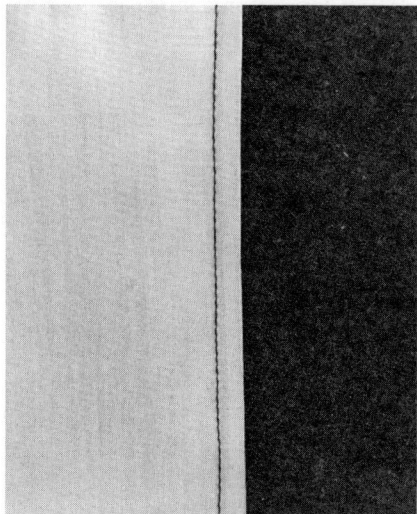

图5-41

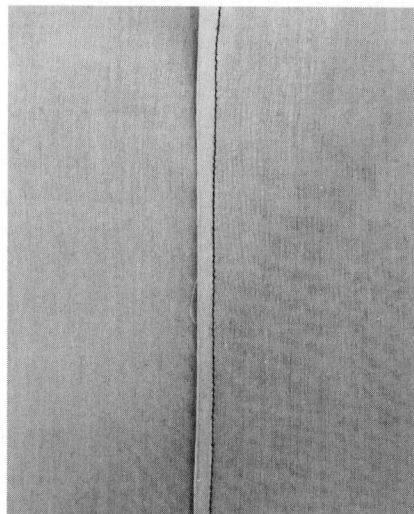

图5-42

# 四、做、装袖克夫

## 1.做袖克夫

（1）袖克夫面粘衬，将里口缝扣转1.5cm并烫平。袖口面正面缉线1.2cm（图5-43、图5-44）。

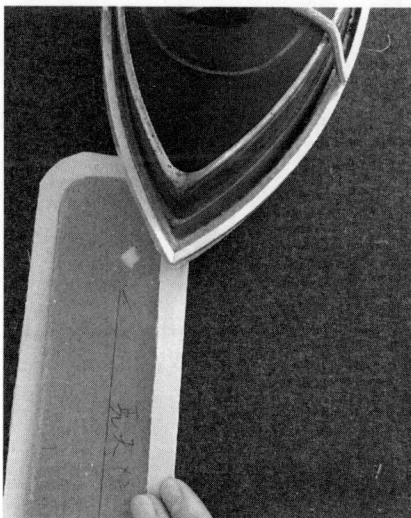

图5-43

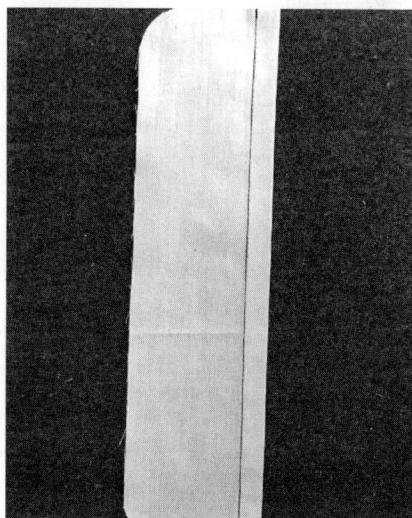

图5-44

（2）将袖克夫面和袖克夫里正面和正面相叠，袖克夫面在上按净缝线缉合。注意圆角顺滑，稍稍带紧夹里，做出里外匀（图5-45、图5-46）。

图5-45

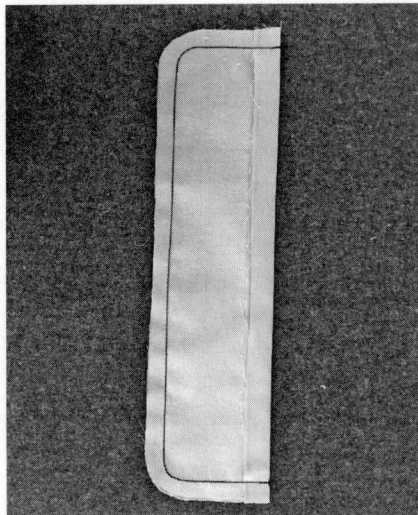

图5-46

（3）袖克夫圆头处应修剪圆顺，缝份为0.3cm，用五角钱硬币翻足圆角。翻转后把袖克夫烫平。圆角圆顺，止口不得反吐。把袖克夫里下口包烫袖克夫面下口，烫出里外匀，然后将夹里扣光烫煞（图5-47、图5-48）。

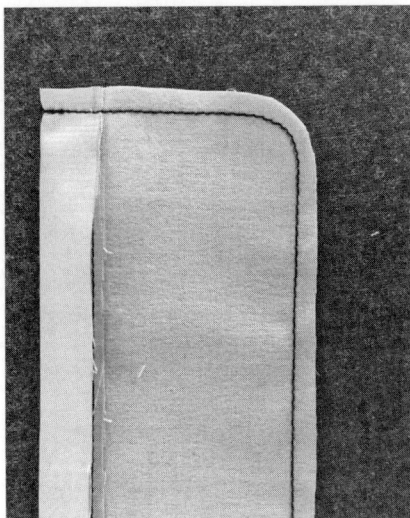

图5-47

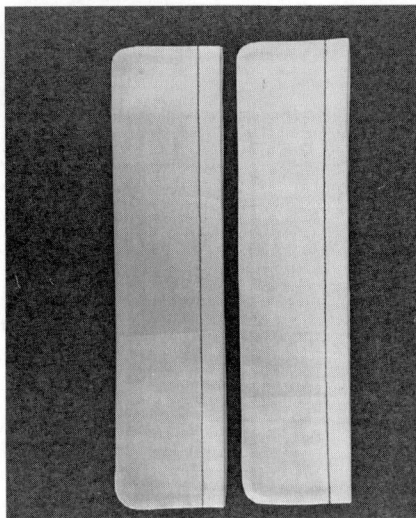

图5-48

### 2.装袖克夫

（1）用装袖衩夹缉的方法装袖克夫，先将袖子放平，在袖衩处用划粉标记出1cm的缝份对位记号。将袖片放入袖克夫缉0.1cm的止口。注意门里襟和袖克夫垂直，褶裥往大袖衩方向坐倒（图5-49）。

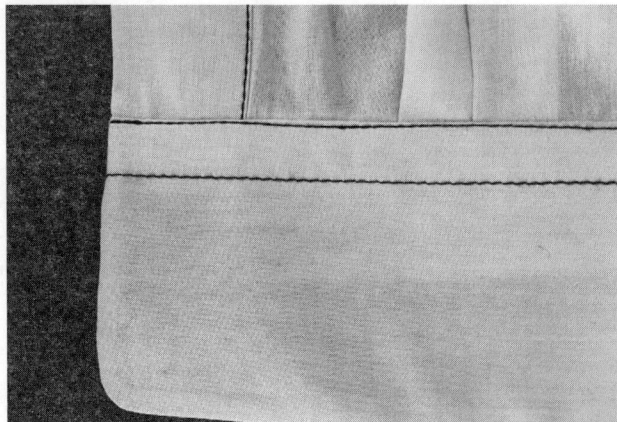

图5-49

（2）袖头三边缉0.5cm的止口线（图5-50、图5-51）。

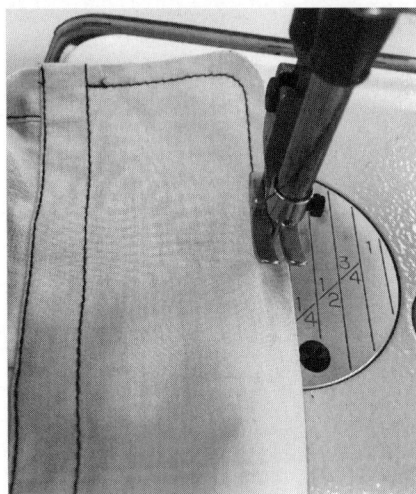

图5-50

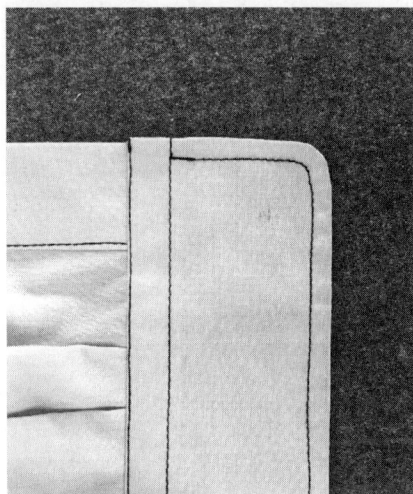

图5-51

# 主题六　男衬衫的做领、装领工艺

## 一、做领（见零部件缝制）

做领请参见本书项目一中内容"零部件缝制"。

## 二、装领

### 1.绱领

将底领领面的领底毛缝修剪为0.7cm。将底领领面的领底与衬衫领圈对齐，正面相叠。

起针处领底要比门襟缩进0.1cm。从门襟开始缉线0.6cm。注意肩缝和领后中的对位记号要对齐。如图5-52所示。

2. 压领

从右边底领的上口断线处开始，交接一段2cm的断线，继续开始缉线，经过圆头领角，缉线0.15cm的止口线，缉线至底领时，缉线变为0.1cm。压缉领里领底时要盖住上领时的缉线。领座反面也应有缉0.1cm的止口线。注意门襟两头应该塞足塞平（图5-53~图5-55）。

图5-52

图5-53

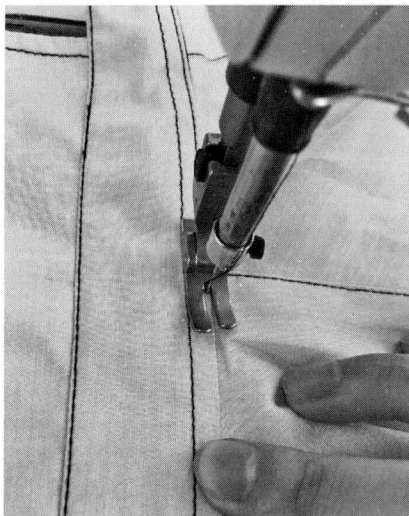
图5-54

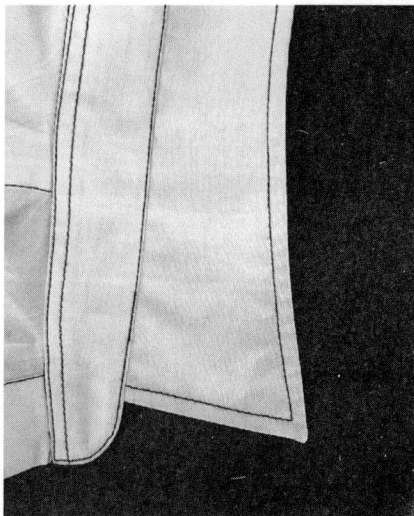
图5-55

# 三、缉底边

## 1. 校准门襟长短

将门襟领口对齐，门里襟对合，检查左右门襟是否长短一致。

## 2. 止口缉线

按贴边内缝1.4cm，贴边宽1.5cm，止口缉线0.1cm（图5-56、图5-57）。

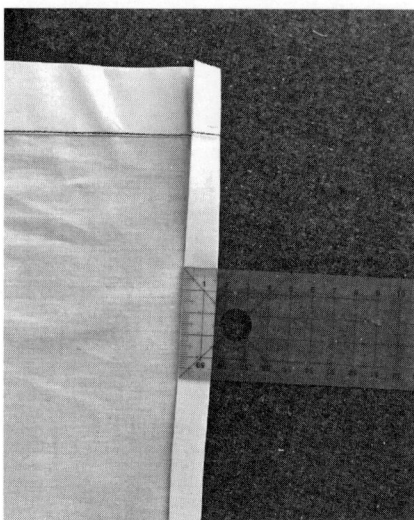

图5-56

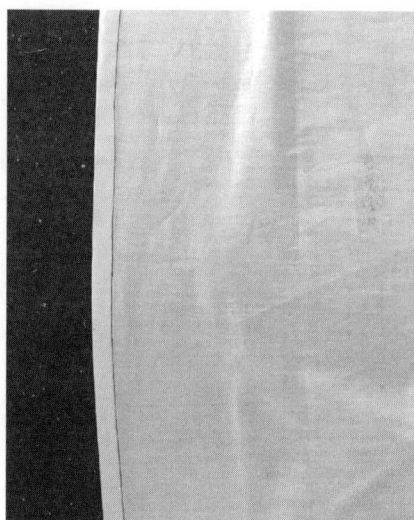

图5-57

# 四、锁眼、钉纽扣

## 1. 锁眼

（1）门襟底领锁横扣眼一个，扣眼高低居中底领宽。

（2）门襟锁直扣眼5个，进出距离门襟止口1.9cm，定好后面的扣眼位置，然后等分其他扣眼位置。

（3）袖克夫门襟一边锁扣眼头一个，进出距离袖克夫门襟边1.2cm，高低居袖头宽的中间。

（4）扣眼大均为1.2cm的平头扣眼。根据纽扣大小而定。扣眼大为纽扣大加0.3cm。

## 2. 钉纽扣

（1）钉纽位置的高低、进出应和扣眼位置相对应。

（2）袖头里襟部位一边钉纽扣一粒，钉纽扣时，纽扣边距离袖口边1cm，纽扣位于袖头宽的中间。

# 主题七　男衬衫的整烫工艺

## 一、烫领

把领头烫挺，前领口不可烫死，应该留有窝势。不可熨烫领中部分，容易起泡。

## 二、烫袖

把袖子放平与烫台，并把袖子烫平。袖子如是抽褶，则褶无须熨烫。如是褶裥，则在褶裥处按裥烫平。

## 三、烫衣身

### 1. 烫后衣身

领子放左边，下摆朝右手边，放平与烫台，熨烫后背和反面褶裥。

### 2. 烫前衣身

将衣片放平，熨烫前身门襟里襟、贴袋。

## 拓展与练习

1. 怎样装好男衬衫的过肩和肩缝？

2. 怎样做好男衬衫领，装领时应注意什么？

3. 怎样装宝剑头袖衩？

4. 试着编写男衬衫的工艺流程。

5. 设计一款男衬衫，为新的款式编写工艺方案。

# 参考文献

［1］张明德.服装缝制工艺［M］.第3版.北京：高等教育出版社，2005.

［2］朱奕，肖平.服装成衣制作工艺［M］.上海：学林出版社，2013.